AF360953

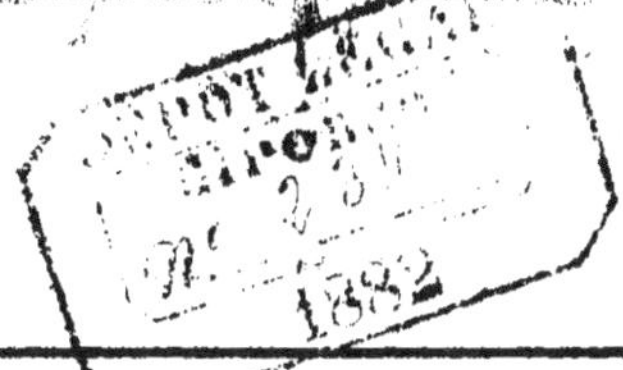

XIIe

EXPOSITION GÉNÉRALE DE BORDEAUX
1882
UNIVERSELLE POUR LES VINS

ÉTUDE

SUR

LES VINS EXOTIQUES

PRODUCTION — EXPORTATION

PAR

RAYMOND SEMPÉ

PRIX : 2 FRANCS

BORDEAUX
FERET ET FILS, LIBRAIRES-ÉDITEURS
15, COURS DE L'INTENDANCE, 15

Et dans les bureaux de LA GIRONDE

1882

ÉTUDE

SUR

LES VINS EXOTIQUES

FAÇADE DE L'EXPOSITION DES VINS

XIIe

EXPOSITION GÉNÉRALE DE BORDEAUX
1882
UNIVERSELLE POUR LES VINS

ÉTUDE

sur

LES VINS EXOTIQUES

PRODUCTION — EXPORTATION

PAR

RAYMOND SEMPÉ

PRIX : 2 FRANCS

BORDEAUX
FERET ET FILS, LIBRAIRES-ÉDITEURS
15, COURS DE L'INTENDANCE, 15
Et dans les bureaux de LA GIRONDE

1882

XII°

EXPOSITION GÉNÉRALE DE BORDEAUX

1882

LES VINS

(EXPOSITION UNIVERSELLE)

La Société Philomathique de Bordeaux a pris l'heureuse initiative d'une Exposition dans notre ville. Une pareille tâche était lourde pour un corps dont les ressources sont bornées. Aussi a-t-il fallu, pour arriver à la réussite de l'œuvre, dépenser une activité extraordinaire et posséder une connaissance parfaite des moyens propres à atteindre le but. Grâce à l'énergique volonté des membres de la Société, on a triomphé des difficultés imprévues qui pouvaient compromettre le succès. A l'heure qu'il est, nous sommes heureux de constater que l'Exposition de Bordeaux n'aura rien à envier à ses devancières. A certains égards elle leur sera même supérieure. Elle aura surtout, en ce qui concerne

1

les vins, un caractère international et des proportions considérables qui la placeront, nous l'espérons, hors de pair. — Les viticulteurs du monde
entier sont conviés à cette fête et ils répondent en
foule à l'appel qui leur est fait.

Ils ont compris que Bordeaux est la ville par
excellence pour une Exposition de ce genre; que
la Gironde produit des vins blancs et rouges très
divers; qu'elle est, au point de vue de la récolte
des vins, comme un abrégé de la France elle-même
et, enfin, qu'on y trouve d'habiles viticulteurs et
de nombreux connaisseurs au goût exercé.

Placée au centre des vignobles fameux de la
Gironde, à égale distance des grands crûs du Nord
et du Midi de la France, reliée à l'Espagne et au
Portugal par une ligne de fer et par des services
réguliers de steamers, en communication directe
et constante avec le monde entier, cette ville
« entourée d'une ceinture de pampres », offre des
facilités et aussi des garanties qu'on ne trouverait
nulle part au même degré. D'un autre côté, la haute
compétence de son commerce, universellement
appréciée, devait déterminer les hésitants, ceux qui
cherchent dans l'étude, dans la comparaison des
méthodes et des résultats, les moyens d'arriver au
développement des richesses que la nature a mises
dans leurs mains. A ce point de vue, croyons-nous,
leur espérance ne sera pas déçue.

Plus d'un des visiteurs de notre remarquable
section des vins remportera des notions précieuses
dont il se fera l'apôtre. Ce sera un effort de plus

vers le progrès et autant de gagné sur l'ignorance et la routine.

Nombre d'exposants, avec un sens pratique qui leur fait honneur, ont annoncé qu'en venant à Bordeaux ils recherchaient moins des récompenses que des conseils. Beaucoup sont prêts à abandonner leur méthode de fabrication ou de conservation des vins, s'il leur est démontré, par comparaison, que cette méthode est vicieuse. D'autres cherchent le moyen d'améliorer leurs produits par un choix plus judicieux des cépages. Les uns et les autres trouveront de quoi satisfaire leur louable désir d'apprendre.

L'Exposition de Bordeaux donnera aussi aux étrangers une idée nette des produits de nos vignes françaises. Ils pourront mieux ensuite apprécier les mérites divers de nos vins. Ils sauront, après les avoir vus, étudiés et comparés, les reconnaître eux-mêmes, — ce sera le meilleur moyen de mettre à néant les insinuations malveillantes et intéressées qui cherchent à faire douter, contre toute vraisemblance, de la qualité réellement supérieure des vrais vins de table, des vins français !

Avant que l'Exposition ouvre ses portes et que nous puissions parler des qualités diverses des vins qui y figureront, il nous semble utile de jeter un coup d'œil sur les productions vinicoles du monde entier. Cette étude servira pour ainsi dire de préface à l'Exposition elle-même ; elle sera un point de repère qui permettra de mesurer les forces des concurrents en présence, une sorte de guide qui rendra plus instructive et plus agréable une promenade autour des vins exposés dans les bâtiments des Quinconces.

Nous puiserons nos renseignements aux sources les plus autorisées, les contrôlant et les complétant de notre mieux, n'ayant d'autre souci que la vérité et d'autre mérite que celui d'avoir réuni en un tout homogène ce qui a été écrit sur la matière.

De livre proprement dit, nous n'en connaissons pas qui traite des vins étrangers. A part quelques crûs fameux, ces vins étaient peu connus en France, et il n'y a guère que deux ans que notre commerce a dû s'en préoccuper, les étudier, les rechercher et leur demander la quantité nécessaire à combler le déficit que le phylloxera créait dans le rendement de nos vignes.

Depuis, nos négociants ont pénétré partout; tous les vignobles ont été explorés et les achats que nous avons traités et que nous traitons encore en Portugal, en Espagne et en Italie, donnent l'aisance à ces contrées dont ils facilitent ainsi le relèvement économique. Mais, jusqu'à présent, on s'en est tenu à la pratique et rien de bien intéressant n'a été écrit sur les vins exotiques.

Nous allons indiquer la voie, avec le désir d'y être suivis. Le champ est vaste et d'autres compléteront ce que nous n'allons qu'esquisser, nous attachant surtout à la statistique.

Nous ferons de larges emprunts à l'excellente *Revue des Vins et Liqueurs,* dirigée par M. Paul

Dreyfus et fondée à Paris en 1876, ainsi qu'aux études si bien faites par M. Clovis Lamarre sur les pays étrangers et l'Exposition de 1878.

Avant de commencer l'étude de la viticulture étrangère, il est bon de jeter un coup d'œil sur la culture de la vigne et la récolte du vin en France. Ces renseignements statistiques seront la base même de notre travail et le point de comparaison qui permettra d'apprécier la situation de la viticulture chez les autres nations.

Mais avant tout, avant de parler de la production vinicole par contrée, nous donnerons un tableau faisant connaître la production générale des vins. Ces renseignements ont été contrôlés avec soin. Il est cependant difficile d'en garantir l'exactitude, en présence des différences que l'on trouve dans les statistiques publiées par les personnes qui se sont occupées de ce sujet. Ces statistiques, souvent assez contradictoires, sont fort incomplètes et très incertaines; nous avons fait notre possible pour arriver à une appréciation suffisamment exacte, en adoptant quelquefois, comme pour l'Autriche-Hongrie, des chiffres donnés par plusieurs, alors même qu'ils nous paraissaient s'écarter un peu de la vérité. Ce qu'il importait, c'était de déterminer la production dans les pays réellement vinicoles, qui peuvent fournir un appoint à la consommation et au besoin à l'exportation; mais partout où la vigne est peu cultivée, et l'usage du vin restreint, les erreurs, à peine sensibles du reste, n'ont qu'un médiocre inconvénient, et elles ne sauraient, en aucun cas, affecter l'économie de notre travail.

Voici comment il convient, croyons-nous, de chiffrer la production des vins par contrée :

	HECTOLITRES
France (moyenne des 10 dernières années)..	49,200,000
Algérie............................... ..	500,000
Portugal............. (année moyenne)...	4,000,000
Espagne............. — ...	20,000,000
Italie............... — ...	26,000,000
Autriche-Hongrie..... — ...	20,000,000
Suisse............. ... — ...	900,000
Allemagne .... — ...	6,000,000
Roumanie et Serbie ... — ..	1,500,000
Grèce............... — ...	1,000,000
Turquie d'Europe..... — ...	3,000,000
Russie........... — ..	1,000,000
Etats-Unis.......... — ...	1,200,000
Chili .... — ...	1,000,000
Australie..... .... — ...	200,000
Ensemble	135,500,000

Bordeaux, 1er juin 1882

PRODUCTION VINICOLE DE LA FRANCE

La récolte moyenne des vins en France a été de 1867 à 1871, de 54,195.388 hectolitres, et de 49,198,353 hectolitres de 1872 à 1881, malgré le phylloxera qui a détruit 558,605 hectares de vignes.

La France tient le premier rang comme quantités de vins récoltées ; sa production s'élève à plus de 35 0/0 de la récolte totale. Ce premier rang lui est aussi acquis depuis des siècles pour les qualités supérieures et variées de ses vins dont la renommée a pénétré partout. Elle n'a pas de déchéance à craindre, et ses rivaux sont bien loin de l'atteindre. Plus on compare ses vins, plus on est frappé de leur grande supériorité ; ils découragent les rivaux et rendent les imitations impossibles.

Ailleurs, on trouve certainement d'honorables et de brillantes exceptions, quelques crûs fameux et universellement appréciés ; mais ces vins ne sont pas similaires de nos vins et ne peuvent par conséquent leur être comparés

Les grands vins de table, les savoureux vins
rouges, fins, délicats, flattant le goût et l'odorat,
ainsi que les délicieux vins blancs mousseux, n'ont
qu'une patrie, la France!

PRODUCTION

La culture de la vigne en France occupait, en
1831, 2,069,923 hectares, environ 4 0/0 du territoire total du pays; en 1875, l'étendue du vignoble
était de 2,396,139 hectares; la moyenne des dix
dernières années donne une superficie plantée en
vignes de 2,334,707 hectares.

Ce dernier chiffre sera vite atteint de nouveau;
il sera même dépassé et nous nous rapprocherons
de celui constaté en 1875, soit 2,396,139 hectares.

La lutte contre le phylloxera, le grand ennemi
du moment, se poursuit activement et sans relâche.
On reconstitue les vignobles, on plante sans cesse
et on ne voit plus, dans quelques départements,
que des vignes nouvelles.

Par suite d'intempéries et d'autres causes de
destruction, parmi lesquelles le phylloxera figure
toujours en première ligne, la production en 1881
n'a été que de 34,138,715 hectolitres. D'après le
rendement moyen des dix dernières années, cette
production aurait dû s'élever à 49,198,353 hectolitres; c'est donc un déficit de 15,059,638 hectolitres
que nos constatons et qui n'a presque pour cause

que le phylloxera. C'est dire l'importance de ce fléau.

En prenant les deux moyennes de culture et de rendement dont nous venons de parler, on a : 2,334,707 hectares de vignes, produisant 49,198,353 hectolitres de vin, soit un rendement d'environ 21 hectolitres par hectare. Cette moyenne n'est pas trop élevée; elle serait à coup sûr dépassée si nos vignerons n'avaient à compter avec le terrible ennemi qui actuellement menace nos vignobles.

Quoi qu'il en soit, d'après ces bases, la production normale en France correspond à 133 litres de vin par tête d'habitant. La consommation peut être évaluée à 115 litres. La différence représente l'exportation, ainsi que les quantités qui sont livrées à la distillation et à la fabrication des vinaigres. Ces quantités sont de 3 millions pour l'exportation et de 2 millions pour la distillation et les vinaigres.

Dans les bonnes années, le Midi, le Gers et les Charentes, livrent plus de 6 millions d'hectolitres de vin à la chaudière.

Voici du reste, pour apprécier la richesse vinicole de nos diverses régions, un relevé présentant, par département : 1º le nombre d'hectares plantés en vignes en 1881; 2º l'importance de la récolte de 1881; 3º la moyenne des quantités récoltées de 1867 à 1871; 4º la moyenne des quantités récoltées dans la dernière période décennale, de 1872 à 1881.

DÉPARTEMENTS	NOMBRE d'hectares plantés en vignes en 1881	RÉCOLTE de 1881 (hectolitres)	MOYENNE des quantités récoltées de 1867 à 1871 (hectolitres)	MOYENNE des quantités récoltées de 1872 à 1881 (hectolitres)
Ain	18,009	236,588	452,193	401,578
Aisne..........	4,597	144,221	131,939	81,205
Allier..........	14,523	144,600	177,356	203,058
Alpes (Basses-)	8,327	51,925	61,009	71,171
Alpes (Hautes-)	5,847	75,728	81,363	83,972
Alpes-Marit^{mes}.	14,050	61,562	52,650	56,957
Ardèche	20,259	74,720	232,061	168,470
Ardennes	1,054	29,716	30,227	23,870
Ariège........	16,851	66,955	99,973	108,263
Aube	20,220	495,770	365,917	473,941
Aude.........	128,287	4,794,620	1,882,225	3,113,941
Aveyron	23,883	185,470	309,198	345,269
Bouches-du-Rh.	9,030	74,874	378,777	191,163
Calvados......	»	»	»	»
Cantal........	341	4,715	7,727	8,006
Charente......	17.009	574,230	3,148,564	2,644,196
Charente-Inf^{re}.	123,220	1,706,729	5,294,837	4,569,373
Cher	15,999	317,977	264,305	265,818
Corrèze.......	15,818	63,505	300,106	207,367
Côte-d'Or	35,723	860,744	678,258	890,556
Côtes-du-Nord.	»	»	»	»
Creuse........	31	54	»	84
Dordogne.....	88,569	242,225	867,549	784,712
Doubs........	8,190	39,817	173,805	182,444
Drôme.	14,491	51,810	360,845	157,802
Eure	500	10,397	11,116	11,214
Eure-et-Loir ..	1,712	27,895	56,100	34,440
Finistère	»	»	»	»
Gard	15,695	298,060	1,895,405	929,865
Garonne (H^{te}-).	79,093	421,147	629,945	752,672
Gers	102,348	670,899	1,439,485	1,307,713
Gironde.......	141,420	1,276,000	3,219,734	2,793,227
Hérault.......	87,715	3,792,980	10,788,730	9,068,359
Ille-et-Vilaine.	57	952	2,211	921
Indre.........	23,272	245,145	374,275	246,597
Indre-et-Loire .	51,131	976,423	892,436	964,339
Isère	35,421	371,752	568,316	485,299
Jura..........	18,958	105,889	401,987	333,175
Landes	20,016	166,492	359,547	376,476
Loir-et-Cher...	31,580	1,135,599	252,146	830,353
Loire.........	13,011	124,655	712,014	254,931

DÉPARTEMENTS	NOMBRE d'hectares plantés en vignes en 1881	RÉCOLTE de 1881 (hectolitres)	MOYENNE des quantités récoltées de 1867 à 1871 (hectolitres)	MOYENNE des quantités récoltées de 1872 à 1881 (hectolitres)
Loire (Haute-).	6,427	32,522	113,098	69,332
Loire-Inf^re	33,497	1,174,713	1,315,112	1,223,110
Loiret	30,678	663,952	615,564	524,634
Lot..........	51,142	205,254	449,569	351,727
Lot-et-Garonne	69,471	357,000	1,076,870	869,582
Lozère	995	4,973	4,846	7,712
Maine-et-Loire.	42,787	636,470	621,947	583,567
Manche.......	»	»	»	»
Marne	16,650	664,870	319,765	390,391
Marne (Haute-)	16,142	369,223	403,575	470,995
Mayenne.	217	975	3,809	1,410
Meurthe	»	»	707,669	»
Meurthe-et-Mlle	16,617	751,262	489,832	614,357
Meuse........	12,040	331,976	266,626	336,498
Morbihan	1,049	46,691	24,071	19,226
Moselle.......	»	»	144,399	»
Nièvre........	11,109	241,188	222,410	203,740
Nord	»	»	»	»
Oise..........	467	4,415	16,430	5,847
Orne	»	»	»	»
Pas-de-Calais..	»	»	»	»
Puy-de-Dôme..	30,983	593,293	622,984	741,806
Pyrénées (B.) ..	22,610	119,205	178,283	166,070
Pyrénées (H.)..	16,304	92,794	216,512	189,640
Pyr.-Orientales	73,657	1,752,000	622,742	1,230,530
Rhin (Bas-) ...	»	»	483,700	»
Rhin (Haut-)..	»	»	405,921	»
Rhône	39,110	403,228	1,002,104	788,829
Saône (Haute-)	12,028	113,353	378,863	314,769
Saône-et-Loire.	42,941	540,436	1,109,385	1,057,118
Sarthe........	8,240	94,068	150,170	97,621
Savoie........	11,107	198,520	332,800	197,865
Savoie (Haute-)	8,418	153,860	219,859	149,431
Seine.........	797	»	53,804	26,557
Seine-Inf^re	»	»	»	»
Seine-et-Marne	9,098	219,507	295,531	195,890
Seine-et-Oise..	7,844	205,064	279,716	192,312
Sèvres (Deux-).	21,791	202,549	460,302	353,252
Somme	»	»	»	»
Tarn	48,129	439,640	466,785	628,470
Tarn-et-Gar^ne..	40,645	219,271	327,448	293,024

DÉPARTEMENTS	NOMBRE d'hectares plantés en vignes en 1881	RÉCOLTE de 1881 (hectolitres)	MOYENNE des quantités récoltées de 1867 à 1871 (hectolitres)	MOYENNE des quantités récoltées de 1872 à 1881 (hectolitres)
Var............	58,346	305,332	930,525	793,911
Vaucluse......	8,960	59,272	331,313	94,565
Vendée........	16,847	497,956	657,604	492,170
Vienne.	43,848	1,158,440	727.896	1,008,287
Vienne(Haute-)	2,083	12,795	24,304	18,877
Vosges........	4,942	196,064	169,866	145,482
Yonne.........	36,640	1,131,060	767,862	941,952
Totaux...	2,069,923	34,138,715	54,195,388	49,198,353

On voit que l'Aude et la Gironde sont les
départements qui ont le plus de terrains plantés en
vignes ; viennent ensuite la Charente-Inférieure, le
Gers, la Dordogne et l'Hérault.

Ceux qui récoltent les plus grosses quantités
sont l'Aude, l'Hérault, la Gironde, les Pyrénées-
Orientales, la Charente-Inférieure, la Loire-Infé-
rieure et l'Yonne.

CULTURE

L'étendue des vignobles a subi depuis 1788 —
l'année la plus reculée dont nous ayons la statistique — des oscillations en sens divers dont les
documents officiels permettent de mesurer l'importance.

D'après les recherches faites en 1788, on ne

comptait encore que 1,567,700 hectares de terrains vitifères; depuis, de grands progrès ont été réalisés. Des terrains jusque-là réputés incultes, des collines laissées en friche, ont reçu des plants de vignes et ont donné d'excellents produits.

Voici quelques chiffres qui permettent de suivre les progrès et les défaillances de la culture de la vigne :

HECTARES		HECTARES
1788.... 1,567,700		1867.... 2,314,846
1808.... 1,613,939		1869.... 2,643,174
1829.... 2,005,365		1873.... 2,380,946
1835.... 2,118,709		1875.... 2,396,139
1849.... 2,193,053		1876.... 2,369,834
1851.... 2,169,165		1877.... 2,346,497
1852.... 2,158,854		1878.... 2,295,989
1859.... 2,173,231		1879.... 2,241,477
1860.... 2,205,309		1880.... 2,235,300
1865.... 2,293,567		1881.... 2,069,923

En parcourant cette liste, on reconnaît que les guerres de la Révolution et du premier Empire ne furent pas favorables au développement de la vigne; qu'une première période d'accroissement semble avoir commencé vers 1820, pour atteindre son maximum en 1849. A partir de cette époque l'oïdium porte un coup terrible à la viticulture, et les récoltes descendent à 10,789,869 hectolitres en 1854. Le phylloxera est heureusement loin d'avoir cette intensité. Mais en 1860 l'efficacité du soufrage de la vigne est reconnue; les traités de commerce ouvrent de nouveaux débouchés à nos

vins; les chemins de fer desservent plus complètement les marchés de l'intérieur, et, sous l'influence
de ces causes heureuses, la culture de la vigne
prend un nouvel essor. La guerre, en nous enlevant
les vignobles de la Moselle et de l'Alsace, soit
ensemble 29,560 hectares, arrête cet élan. Alors
survient cette nouvelle maladie, le phylloxera,
qui n'a pas cessé de sévir depuis et qui a déjà
détruit 558,605 hectares de vignes.

Espérons que la science ou les vignerons eux-
mêmes trouveront le moyen d'enrayer les ravages
du terrible parasite. En attendant, qu'on ne se
laisse pas décourager, qu'on remplace les vignobles
détruits. Le mal n'est pas encore aussi grand
qu'en 1854 et 1855. Pourquoi ne trouverait-on pas
comme alors un remède efficace?

Le mouvement de la production des vins n'est
pas aussi constant que celui des superficies livrées
à la vigne. Des causes multiples nuisent à sa régularité. Le rendement des plants varie d'une année
à l'autre, au gré des influences atmosphériques. Les
maladies viennent tout à coup détruire ce que ces
influences ont respecté. Cependant, tous ces obstacles
ne parviennent pas à arrêter le mouvement irrégulier mais continu de la production, et dans ce
fait nous devons puiser l'espoir que nous subissons
un temps d'arrêt qui ne sera que momentané.

RÉCOLTES

Voici quelques chiffres qui ont inspiré ce qui
précède et qui sont la justification de nos espérances.

On a récolté :

	HECTOLITRES		HECTOLITRES
En 1788...	25.000.000	En 1863...	51.372.000
1808...	28 000.000	1865...	68.943.000
1829...	30,000 000	1867...	38.869.479
1830...	15,282,000	1868...	50.109.504
1835...	16.476,000	1869...	71.375.965
1840...	45,486,000	1870...	53.537,942
1845...	30,140,000	1871...	56,901,017
1847...	54,316,000	1872...	50.122,708
1849...	35,555,000	1873...	35,715,619
1850...	44,717,553	1874...	63,074,564
1852...	28.460.601	1875...	83.836,391
1853...	22.661,717	1876...	41,846,748
1854...	10.789,869	1877...	56.405,363
1855 ..	15,175,000	1878...	48,720,553
1856...	21,294,000	1879...	25.769,552
1857...	35,401,000	1880...	29 677.472
1858...	46,8 5.000	1881...	34.138,715
1862...	37,110,000		

Depuis 1852 à 1857, la viticulture traverse une
époque critique; l'oïdium ravage nos vignes. On
descend aux récoltes les plus faibles du siècle.
En 1857, on atteint le chiffre de 1849; trois ans
ont suffi pour arriver à ce résultat. Puis le mouve-

ment ascendant se continue, et on arrive en 1869 au chiffre respectable de 71,375,965 hectolitres.

Après la guerre, une partie de nos vignobles étant perdue, on redescend, en 1872, à 50 millions 122,708 hectolitres.

Vient enfin la magnifique récolte de 1875, la plus belle que nous ayons jamais eue en France et qui dépasse le chiffre de 83,000,000 d'hectolitres.

A ce moment le phylloxera redouble ses ravages et la récolte de 1879 présente un bien faible rendement, se rapprochant de ceux qu'on constatait dans les années malheureuses marquées par l'oïdium.

L'année 1880 est en progrès sur la précédente et 1881 continue le mouvement en avant. Ce mouvement est lent, mais il est continu, et tout fait prévoir que la récolte de 1882 sera encore supérieure à son aînée.

On peut d'ailleurs avoir moins d'appréhension pour l'avenir des vignobles de France. Bien que le phylloxera continue sa marche, ses progrès paraissent plus lents. Ensuite, l'expérience a démontré qu'il y a trois moyens qui peuvent sauver nos vignobles, à savoir : le sulfure de carbone et les sulfo-carbonates de potasse, dont l'emploi s'est perfectionné ; les vignes américaines qui donnent d'excellents résultats dans le Midi, et enfin la submersion.

Est-ce à dire que la lutte ait été partout à la hauteur du fléau ? Nous ne le pensons pas. Il ne faudrait pas que nos vignerons s'endormissent dans une sécurité trompeuse; ils doivent au contraire redoubler d'énergie et de prévoyance.

Ajoutons, pour compléter nos renseignements statistiques au point de vue de la production, qu'il y avait en France, en 1829, 2,169,504 propriétaires de vignobles, et qu'on en comptait 1,932,573 en 1878. La France est le pays de la petite propriété. La vigne y est des plus morcelée, ce qui lui assure une excellente culture.

CONSOMMATION DES VINS

Si, après avoir étudié la production, nous passons à l'examen de la consommation, à l'aide des documents officiels, nous trouvons :

	HECTOLITRES
1° Que la moyenne des vins soumis aux différentes taxes d'impôt intérieur est de..........................	26,000,000
2° Que les vignerons consomment, en dehors des taxes, environ.......	10,000,000
3° Que la distillation et la fabrication du vinaigre en emploient environ (Ces deux industries absorbent jusqu'à 7,000,000 d'hectolitres dans les bonnes années.)	2,000,000
4° Que nous exportons à peu près..	3,000,000
Ensemble......	41,000,000

D'où la conclusion que la France emploie pour ses besoins 41,000,000 d'hectolitres de vin. Lorsque la production est inférieure à ce chiffre, nous en sommes réduits, comme dans ces dernières années, à consommer l'excédent de nos récoltes antérieures et à recourir à l'importation des vins étrangers dans la mesure du déficit.

Voici le tableau de la consommation par période décennale :

PÉRIODES	MOYENNE des quantités atteintes une seule fois par l'impôt	QUANTITÉS consommées en franchise chez les récoltants (moyenne)	TOTAL
De 1830 à 1839....	13,115,427	6,100,000	19,215,427
De 1840 à 1849 ...	17,553,933	6,200,000	23,753,933
De 1850 à 1859....	16,771,468	5,000,000	21,771,468
De 1860 à 1869....	23,551,934	12,647,000	36,198,934
De 1870 à 1879 ...	27,641,807	10,449,000	38,091,207
1880............	26,378,296	11,000,000	37,378,296

Ce mouvement de la consommation est très remarquable. A mesure que le bien-être pénètre partout et que les moyens de communication se perfectionnent, l'usage du vin se généralise et la consommation double, bien que le prix moyen double lui-même.

En comparant ces trois termes :

HECTOLITRES

Production moyenne.................. 49,200,000
Consommation intérieure 38,000,000
Exportation 3,000,000

on détruit une partie des assertions mensongères de quelques journaux anglais qui, dans un but trop intéressé pour être sincère, ont entrepris une campagne contre nos vins, prétendant que nous exportons ceux que nous demandons aux autres contrées. La moindre bonne foi suffira cependant à reconnaître que nous sommes encore assez riches pour distraire de notre production environ 3,000,000 d'hectolitres, sans pour cela nuire aux besoins de notre consommation. Nos clients peuvent pleinement se rassurer à ce sujet. Nous continuerons à leur céder, mais à des prix rémunérateurs, une partie de notre récolte en vins supérieurs.

Toute la presse anglaise n'a cependant pas suivi le même mouvement de dénigrement systématique. Le journal *La Ridley and Co's Monthly Wine and Spirit Trade Circular* a énergiquement défendu nos vins et prouvé que les auteurs des attaques inconsidérées dont nous parlons n'avaient ni la moindre bonne foi, ni la moindre connaissance pratique du sujet qu'ils ont voulu traiter.

Les vins que nous importons servent, à l'aide de coupages intelligents dans lesquels les vins indigènes entrent pour une part, à alimenter notre consommation commune. C'est la boisson des pauvres. Il ne faut pas oublier que la France est le plus grand consommateur du monde. Elle n'exporte environ que le 1/15 de sa récolte. Elle ne veut pas renoncer à l'exportation d'une partie de ses vins supérieurs, parce que ces produits sont estimés sur

les marchés étrangers et qu'ils y trouvent un
écoulement facile et avantageux. Elle aime mieux
demander à l'étranger ce qui lui est nécessaire
pour compléter le rendement de ses vignes. En
opérant ainsi, du reste, elle diminue le prix moyen
de ses vins et les rend accessibles à la moyenne et
petite consommation.

Mais que nos récoltes reviennent à leur état normal, que la lutte contre le phylloxera soit efficace,
et nous cesserons aussitôt les importations de
l'étranger, ou du moins nous les limiterons à quelques vins spéciaux, à ce qu'elles étaient avant 1876.

Ce n'est pas seulement aux introductions étrangères, c'est aussi à l'industrie et à un nouveau
traitement des marcs que nos viticulteurs et nos
négociants demandent le complément de production
que le sol leur refuse.

Nous voulons parler de la fabrication des vins
de raisins secs et de celle des vins de deuxième
cuvée. Pour connaître l'importance réelle des
quantités totales de vins destinés à alimenter la
consommation, il y a lieu de tenir compte de ces
nouveaux éléments. D'après des renseignements
qui paraissent se rapprocher de la vérité, on peut
évaluer à 2,320,000 hectolitres le chiffre de la fabrication des vins de raisins secs et à 2,130,000 hectolitres celui de la fabrication des vins obtenus par
addition d'eau sucrée. C'est donc une nouvelle
quantité de 4,450,000 hectolitres, qui, venant
s'ajouter au rendement de la récolte, alimente la
consommation.

Les vins de raisins secs sont presque tous fabriqués aux environs de Paris et consommés à Paris même; quant aux vins de sucre, ils ne sont pas destinés à la vente, ils sont utilisés par le vigneron qui les produit.

Il nous reste maintenant à faire connaître la quotité de nos importations et de nos exportations.

IMPORTATION :

	HECTOLITRES	VALEUR	PRIX MOYEN de la vente en détail
1827 à 1846 (moyenne).	530	F. 23,000	F. 33.50
1849.................	427	34,414	27.81
1850.................	593	80,205	27.81
1853.................	863	151,816	40.35
1854.................	146,516	10,337,619	40.35
1855.................	395,925	25,851,588	62.70
1857.................	613,377	43,144,402	62.70
1858.................	100,710	4,314,318	48.55
1862.................	107,760	3,555,485	56.64
1868.................	373,550	10,357,590	56.64
1871.................	112,258	3,053,833	48.05
1874.................	605,172	19,567,239	46.80
1875.................	291,828	6,000,000	53.91
1876.................	674,569	25,603,000	51.21
1877.................	705,249	27,000,000	58.99
1878.................	1,612,853	59,216,505	61.46
1879.................	2,936,512	120,702,140	63.62
1880.................	7,220.574	284,842,418	74.34
1881.................	7,836,084	340,773,020	»

En rapprochant ce tableau de ceux qui précèdent, on s'aperçoit que les importations suivent une marche parallèle aux récoltes, — en tenant cependant compte du développement qu'elles acquièrent à mesure que les moyens de transport deviennent plus faciles et plus nombreux.

Ainsi, en 1854, 1855 et 1857, elles passent de 863 hectol. représentant une valeur de 151,846 fr., à 613,377 hectolitres valant 43,144,402 francs.

Puis l'entrée des vins exotiques redescend, en 1858, à 100,710 hectolitres, pour 4,314,318 francs. Elle atteint en 1874, 605,172 hectolitres, sous l'influence de la mauvaise récolte de 1873.

En 1875, elle descend encore à 291,828 hectolitres; mais, à partir de ce moment, le phylloxera augmente ses ravages et les importations décuplent. Elles ont été, en 1881, de 7,836,084 hectolitres représentant une valeur de 340,773,020 francs.

Le prix moyen, qui figure à côté de la valeur des importations, est celui de la vente en détail pour les vins frappés en France de l'impôt dans les débits de boissons. Il s'élève ou s'abaisse en même temps que l'importation, influencé qu'il est, comme elle, par la plus ou moins grande importance du produit de la récolte.

En 1881, l'Espagne nous a fourni, 5,722,276 hectolitres de vin; l'Italie, 1,551,299 hectolitres et le Portugal, environ 200,000 hectolitres.

EXPORTATION

Voici, en ce qui concerne les exportations, un tableau correspondant à celui que nous avons donné pour les importations :

	HECTOLITRES	VALEUR
1827 à 1846 (moyenne).	1,361,670	F. 52,155,568
1849....................	1,871,859	54,700,637
1850....................	1,903,763	61,274,025
1853....................	1,775,497	142,642 836
1854....................	1,334,474	188,581,310
1855....................	1,194,214	164,971,589
1857....................	1,054,602	109,292,972
1858....	1,569,175	146,191,180
1862....................	1,915,908	210,706.863
1868....................	2,829,272	238,390,672
1871....................	1,715,856	235,063,752
1874....................	3,986,827	295,268,978
1875....................	3,730,872	247,481,000
1876....................	3,230,911	211,603,000
1877....................	3,111,151	240,761,000
1878....................	2,797,914	201,105,000
1879...	3,039,626	257,700,000
1880	2,488,015	245,150,000
1881....................	2,620,374	259,101,146

Comme on le voit, la valeur des vins envoyés à l'étranger reste stationnaire, tandis que les quantités exportées baissent très sensiblement. L'Espagne et le Portugal nous font une concurrence redoutable sur les marchés de l'Amérique du Sud. Leurs vins chargés en couleur et alcooliques supportent parfaitement le voyage et se prêtent à leur arrivée à des mélanges que nos vins de France, plus délicats et plus légers, ne peuvent tolérer. Il est incontestable que la grosse consommation tend à s'alimenter chez nos voisins. Elle nous reviendrait certainement si les prix de nos vins n'étaient pas si élevés. Ainsi, en 1879, nous avons exporté 2,693,888 hectolitres de vins en fûts, contre 2,217,692 en 1881, différence en moins 476,196 hectolitres; tandis que les vins en bouteilles accusaient dans la comparaison de ces mêmes années, une augmentation de 48,328 hectolitres.

Nos exportations de vins fins suivent toujours une marche ascendante; nous n'avons de ce côté aucune concurrence à redouter. Nulle part la science œnologique n'a fait autant de progrès qu'en France, et nulle part on ne trouve autant de vins à saveur délicieuse, flattant à la fois l'œil, le goût et l'odorat. Mieux que personne aussi, nous pouvons, lorsque nos récoltes seront revenues à leur état normal, fournir des vins de consommation courante, se conservant bien et se recommandant par des qualités agréables, un léger bouquet et un degré alcoolique moyen. A ces mérites considérables, nous joignons l'avantage d'occuper une position exceptionnelle entre les pays qui produisent et ceux qui consomment : nous sommes pour les vins le centre indiqué et forcé des échanges.

Voici comment se répartissent les exportations de 1881 :

DESTINATIONS	VINS EN FUTS		VINS EN BOUTEILLES		Vins de Liqueur	TOTAL
	de la Gironde	d'ailleurs	de la Gironde	d'ailleurs		
	hectol.	hectol.	hectol.	hectol.	hectol.	hectol.
Angleterre.............	218,633	25,153	70,449	102,681	484	417,400
Belgique..............	77,037	118,581	»	39,709	45	235,372
Pays-Bas	85,014	»	4,765	»	»	89,779
Allemagne............	156,183	96,876	»	16,412	»	269,471
Russie...............	17,572	»	»	3,973	366	21,911
Italie................	»	11,558	»	3,548	»	15,106
Suisse...............	»	369,430	»	»	»	369,430
Possessions anglaises...	21,986	»	755	»	»	22,741
États-Unis............	57,860	22,817	10,735	18,378	2,145	111,935
Brésil................	16,536	55,240	2,590	1,883	81	76,330
Uruguay.............	65,667	»	»	»	»	65,667
République Argentine...	189,865	»	4,403	»	3,289	197,557
Algérie...............	»	, 221,038	»	2,737	4,936	228,711
Autres pays...........	172,460	218,186	41,115	32,231	34,972	498,964
TOTAUX....	1,078,813	1,138,879	134,812	221,552	46,318	2,620,374
VALEUR............. F.	118,669,436	56,943,950	27,293,980	49,849,200	6,344,580	259,101,146

On remarquera dans le tableau qui précède des anomalies qui proviennent de ce que la statistique de l'Administration des Douanes présente quelques lacunes regrettables, surtout en ce qu'elle manque d'uniformité. Tous les points de sortie du territoire ne fournissent pas évidemment les mêmes renseignements. Tel qu'il est cependant, ce tableau donnera une idée assez exacte de notre exportation de vins dans les pays qui sont nos tributaires.

Ajoutons encore que le commerce de nos vins mousseux est en pleine prospérité. L'exportation de ces sortes était de :

43,802 hectolitres en 1844-45
69,049   —   en 1861-62
138,583   —   en 1869-70
182,221   —   en 1880-81

Depuis quarante ans cette exportation a quintuplé. Aux États-Unis la consommation de nos vins mousseux prend un essor remarquable, et tout y fait présager un bel avenir à cette branche de nos produits.

Nos exportations dans le Royaume-Uni suivent un mouvement ascendant. Il faut cependant dire que beaucoup de nos vins sont déclarés pour l'Angleterre à leur départ de France, tandis qu'ils ne font qu'y passer en transit et sont ensuite dirigés sur d'autres pays. La comparaison des statistiques anglaises et de la statistique française permet d'évaluer à un quart de nos exportations les vins qui ne font que transiter.

Nous tirerons des renseignements statistiques qui précèdent la conclusion encourageante que la France est encore, et sera longtemps — nous espérons même toujours — le premier marché du monde pour les vins. Nous y puisons en même temps l'espoir que nos vignerons triompheront enfin de leur ennemi — le phylloxera — puisque nous constatons depuis deux ans une amélioration dans le rendement de nos vignes.

N'oublions pas cependant que d'exportateurs nous sommes devenus importateurs, et qu'en 1881 nos importations de vins ont dépassé nos exportations de 81,671,874 francs. Cette situation tend à s'améliorer. La statistique des Douanes relative aux vins importés fait ressortir, dans les quatre premiers mois de l'année 1882, une baisse de 89,315 hectolitres, sur la période correspondante de 1881.

LA VIGNE EN ALGÉRIE

La superficie totale de l'Algérie est à peu près égale à celle de la France. Toute n'est pas propre à la culture. La chaîne du grand Atlas, qui parcourt l'Algérie en s'abaissant de l'est à l'ouest, la divise en deux zones parfaitement distinctes : l'une, au nord, appelée Tell algérien, est, ainsi que l'indique son nom *(Tellus, terre cultivable)*, la seule partie livrée à l'agriculture ; l'autre, au sud, porte le nom de Sahara algérien : c'est le désert, la mer de sable coupée de riches oasis.

Le climat de notre belle colonie est généralement sain, la température moyenne et peu variable dans les parties plates et aux environs d'Alger, ainsi que sur le versant septentrional de l'Atlas. Il est très chaud dans les plaines et dans les vallées profondes. Le sol y est d'une admirable fertilité.

La vigne y croit promptement et s'y développe à souhait ; elle donne du fruit dès la troisième année. Et cependant nos colons n'ont pas encore utilisé

comme ils le pouvaient et comme ils le devaient
l'aptitude viticole du sol et du climat. Ils savent
que la France, depuis quelque temps, cherche des
vins dans le bassin méditerranéen, en Espagne, en
Italie et même en Grèce, pour parer aux défaillances de ses vignobles ravagés par le phylloxera,
et qu'elle ne demanderait pas mieux que de pouvoir
porter ses établissements d'achats et son or en
Algérie plutôt qu'ailleurs.

Les terres propres à la culture de la vigne ne
leur manquent pas; aucune contrée n'est mieux
dotée sous ce rapport. Malgré cela, il y a moins de
dix ans, notre colonie importait pour sa consommation des vins de France et d'Espagne. Cette
importation a beaucoup diminué, il est vrai; elle
est presque nulle à l'heure qu'il est, et sous peu,
nous l'espérons, l'Algérie récoltera non seulement
assez pour sa consommation, mais elle sera encore
en mesure d'envoyer l'excédent de ses vins à la
mère patrie. C'est un bel avenir pour nos colons.
Ils l'ont compris, et ce qui n'a pas été fait jusqu'à
ces derniers temps est à même de s'accomplir. On
plante de la vigne avec entrain, des terrains incultes
se transforment en vignobles pleins de promesses,
et des propriétés entières de plusieurs hectares se
couvrent de pampres.

Voici un tableau qui fera ressortir les progrès
accomplis de 1878 à 1880. Nous n'avons pas pu
nous procurer la statistique de 1881, et nous le
regrettons, parce que nous y aurions, croyons-nous,
puisé des données précieuses.

PROVINCES	1878		1879		1880	
	Superficie plantée	Quantités de vins récoltées	Superficie plantée	Quantités de vins récoltées	Superficie plantée	Quantités de vins récoltées
	hectares	hectolit.	hectares	hectolit.	hectares	hectolit.
Alger........	7,098	105,465	8,090	144,130	9,252	201,100
Oran........	7,617	169,151	8,417	147,256	10,541	164,204
Constantine.	2,899	63,604	3,487	60,139	3,930	67,276
	17,614	338,220	19,994	351,525	23,723	432,580

Comme on le voit, de 1878 à 1880 on a planté 6,109 hectares de vignes, qui sont en plein rapport en ce moment. En 1881, cette plantation s'est augmentée très sensiblement, sous l'influence de la cherté des vins en France, et par la nécessité qui s'imposait de reconstituer nos vignobles détruits par le phylloxera. Quand nos colons ont vu que nos importations passaient de 2,936,512 à 7,220,574 d'hectolitres de vin, ils n'ont plus hésité à planter de la vigne en masse, sûrs qu'ils étaient de trouver sur nos marchés l'écoulement de leurs produits et de récupérer leurs avances.

On peut compter qu'en ce moment notre vignoble algérien couvre au moins 30,000 hectares de terrain. Or, la vigne, dans ce sol vierge et fertile, donne, quand elle est en plein rapport, de 50 à 60 hectolitres de vin par hectare; ce serait donc une récolte d'à peu près 2,000,000 d'hectolitres que notre colonie pourrait espérer sous peu. Cette production ne s'arrêtera pas là; elle ira grandissant tant que l'écoulement de la récolte sera assuré.

Aussi nous semble-t-il utile de dire quelques mots de la qualité des vins qu'on obtient, et de ce que cette qualité pourra devenir lorsqu'on connaîtra mieux les cépages qui conviennent au sol et qu'on aura convenablement étudié l'art de fabriquer et de conserver les vins. Plus la température est élevée et irrégulière et plus les vins sont sujets à s'altérer.

En ce moment, trois moyens sont mis en usage pour obvier à cet inconvénient :

1° Le plâtrage, employé de temps immémorial dans les îles de la Grèce, qui substitue du bisulfate de potasse au bitartrate de potasse, et détermine, par le dépôt du tartrate de chaux, le dépôt des matières fermentescibles ; — 2° l'emploi de matières aromatiques, coutume également ancienne, et qui a pour but d'empêcher la fermentation alcoolique en tuant les globules de ferment; en Grèce, dans les pays orientaux, on mêlait au vin de l'origan, des fleurs, des aromates divers contenant des essences; — 3° la suralcoolisation, pratique plus moderne, connue sous le nom de vinage, qui est très souvent en usage et qui devient même indispensable quand on veut faire voyager des vins trop jeunes ou sujets à une seconde fermentation.

La conduite normale des vins n'exige aucune des pratiques dont nous venons de parler; elle ne comporte que de bonnes caves, des soutirages opportuns, des coupages bien faits: on ne saurait à cet égard poser de règles précises; chaque crû, chaque vignoble a pour ainsi dire les siennes.

D'ailleurs, l'emploi du plâtre est à peu près condamné, et dans tous les cas il doit être rigoureusement limité à deux pour mille; quant à la pratique qui consiste à aromatiser les vins, on devra forcément l'abandonner lorsqu'on voudra aborder nos marchés, où seuls les vins neutres sont recherchés.

Les vins de liqueur sont très faciles à gouverner parce qu'ils contiennent généralement plus de 15 0/0 d'alcool; c'est à la fabrication de ces vins qu'on s'est d'abord appliqué en Algérie; on y fait des vins muscats qui sont excellents.

Dans l'arrondissement de Bône, on a adopté pour les vignes les plants de la Provence et le plant de Grenache (Espagne). Ces vins très alcooliques ressemblent aux vins du Languedoc. On produit aussi dans la province de Constantine des vins excellents qui rappellent, les uns nos vins de Bourgogne, les autres les vins du Rhin.

La province d'Alger est celle qui a le plus de vignes et qui produit davantage; celle d'Oran est surtout cultivée par les Espagnols, qui y ont apporté les défauts et les qualités des procédés de fabrication employés dans leur pays.

Mais il va sans dire que les premiers vins, produits hâtivement et en abondance, auront les défauts de ceux récoltés dans les jeunes vignes; ils manqueront de tenue et de corps. Cependant ces défauts seront, d'après toute vraisemblance, moins prononcés en Algérie que dans les pays plus froids.

La qualité moyenne — nous parlons des vins de grande consommation, les seuls qui nous intéressent réellement — paraît devoir se rapprocher de nos bons vins du Roussillon. Si ce résultat devait être atteint, ce serait très beau, et point ne serait besoin de chercher à produire des vins de grands crûs. Pour cela, il faut que les vins soient neutres, solides, bien colorés, savoureux et possédant une richesse alcoolique de 13 à 15°.

« Remplacer avantageusement nos vins perdus du Midi et ceux que nous demandons maintenant en si grande quantité à l'Espagne et à l'Italie méridionale : tel paraît être l'avenir promis à la viticulture algérienne ; avenir de prospérité certaine et croissante, à mesure que vieilliront les vignes et se perfectionneront les procédés de vinification et d'éducation des vins. Alors, comme il est arrivé depuis peu en Espagne, on verra s'établir dans nos ports africains d'abord, dans les centres viticoles de l'intérieur plus tard, des maisons de commission et d'achat françaises, qui portent la richesse partout où elles s'installent et étendent leurs opérations. »

Voilà ce qu'avait entrevu M. Bouchardat, professeur à la Faculté de médecine, dans un rapport adressé à la Société d'Agriculture de Paris, et dans lequel il disait, en 1880 :

« C'est par la vigne que s'opérera, dans un avenir qui peut n'être pas éloigné, la conquête stable de l'Algérie. Cette culture amènera chez les nouveaux colons et les naturels l'habitude du travail et l'aisance; elle fera disparaitre le plus grand obstacle au progrès, l'endémie des marais; en effet, sur tous les sols où la vigne est cultivée, les conditions de développement des effluves qui donnent naissance aux fièvres intermittentes disparaissent. *Assainissement, richesse,* la culture de la vigne donnera tout à notre grande colonie. »

LES VINS DU PORTUGAL

Le Portugal est l'État le plus occidental du continent européen. Il s'étend le long de l'Atlantique, sous la forme d'un parallélogramme comprenant le sixième environ de la Péninsule Ibérique.

Bien que son climat varie suivant la situation et l'exposition des lieux, il n'en est pas moins, dans son ensemble, un des plus doux de l'Europe, un de ceux qui conviennent le mieux à la culture de la vigne. La région du Nord surtout jouit d'une égalité de température très remarquable, à cause de la quantité de pluie qui y tombe. Ainsi, à Coïmbre la différence entre les semaines les plus chaudes et les semaines les plus froides est à peine de 10°.

La situation géographique du Portugal, son histoire, ses relations commerciales en font comme le trait d'union qui rattache le Brésil à l'Europe. Il a du reste donné sa langue et ses mœurs au Brésil, vers lequel se dirigent tous les ans de nombreux émigrants, et le Brésil, en retour, en a fait le centre de ses échanges.

La monarchie constitutionnelle a réalisé, en Portugal, dans ces dernières années, toutes les espérances qu'avaient jadis fondées sur son établissement les sincères amis de la liberté. Ce petit peuple, se ressaisissant lui-même, a pris un nouvel essor; il marche sérieusement et résolument dans la voie des réformes et du progrès.

Il s'est, avec raison, posé pour objectif la culture industrieuse du sol, le développement de son commerce et de sa navigation. Son activité peut trouver à s'employer dans cette voie.

La culture de la vigne, qui n'y occupe que 204,000 hectares, produisant environ 4,000,000 d'hectolitres de vin, peut y être très largement augmentée. Faite avec intelligence, cette culture ne peut manquer de donner de beaux résultats, dans un sol d'une incomparable fertilité. Il est bien vrai que l'industrie viticole y tient le premier rang, qu'elle représente le plus d'intérêts et le plus de travaux; mais il n'en est pas moins vrai qu'elle est encore susceptible de progresser sensiblement. La récolte moyenne par habitant est d'environ 100 litres de vin; elle peut aisément atteindre et même dépasser 133 litres, comme en France. La production seule des vignes de Porto représente environ le neuvième de la production totale du Portugal. La culture de la vigne atteint son plus grand degré d'intensité au nord de Lisbonne, dans l'Estramadure et dans la province de Beira-Beixa.

La production totale se répartit ainsi qu'il suit :

	HECTOLITRES
Province du Douro	400,000
— Tras-os-Montes	400,000
— Minho	600,000
— Beira Alta	300,000
— Beira Baixa	700,000
— Estramadura	1,100,000
— Alemtejo	400,000
— Algarve	100 000
Total	4,000,000

De même qu'en France, la production vinicole a à lutter, dans le pays qui nous occupe, contre de nombreux et dangereux ennemis : l'oïdium, le charbon, le phylloxera, le périlhao et les impôts de consommation, qui, en certaines localités, s'élèvent à plus de 4 0/0 *ad valorem*, sont autant d'entraves qui gênent l'essor de la culture. Même les vins qu'on exporte paient un impôt assez élevé et qu'on ne s'explique pas. Cette anomalie se retrouve aussi en Espagne, où les vins qui vont à l'étranger acquittent, dans certaines villes, le droit de *consumo*. C'est protéger le travail national à rebours; c'est même aller contre les intérêts bien entendus du fisc. Au lieu d'éloigner les acheteurs de vins, l'Espagne et le Portugal devraient les attirer, parce qu'ils portent des sommes énormes propres à relever la situation économique de ces deux pays. Il est vrai que la dette du Portugal est énorme; c'est un des pays les plus obérés de l'Europe. Il est dès lors dans la dure nécessité de demander à une grande diversité d'impôts — dans le nombre il y en a d'impopulaires et même d'iniques — les ressources nécessaires à tenir ses engagements à l'égard de ses créanciers.

Le commerce extérieur du Portugal se fait surtout avec l'Angleterre, avec laquelle il entretient des relations suivies et relativement importantes; en second rang viennent la France et le Brésil.

Les vins sont le principal article de son exportation. En 1879, il en a expédié en Angleterre 2,885,148 gallons; en 1880, 3,146,811 gallons, et en 1881, 2,809,438 gallons, représentant une valeur de £ 905,615, 1,040,266 et 890,095. C'est notre concurrent le plus sérieux sur le marché britannique, bien que son exportation ait pour objet principal une spécialité de vin, le Porto-wine.

L'exportation totale a été :

	HECTOLITRES
En 1878, de	437,158
1879, de	434,208
1880, de	603,970
1881, de	700,000
1882, du 1er janvier au 1er mai	290,875

C'est incontestablement la France qui depuis deux ans sauve la viticulture en Portugal par les achats énormes qu'elle y a effectués et qu'elle y effectue encore. Cette demande importante de vins portugais en a fait doubler le prix, et cette augmentation de la valeur de la récolte a été un précieux secours pour les propriétaires de vignes. Nos achats étaient de 50,000 hectolitres environ en 1879; ils se sont élevés à 200,000 hectolitres en 1881, et cette quantité sera notablement dépassée en 1882, si on en juge par les importations des premiers mois.

Tandis que notre commerce avec l'Espagne reste stationnaire, qu'il semble même baisser — nous parlons bien entendu du commerce des vins — nos achats en Portugal vont toujours augmentant d'activité. Cela tient à ce que les vins portugais sont plus neutres. Ils sont exempts de ce goût de terroir, gros, douceâtre, plat et violent, qui distingue la plupart des vins espagnols; ils s'assimilent mieux à nos vins et se trouvent par suite plus en rapport avec le goût de nos consommateurs. Ajoutons qu'ils ont le grand mérite de ne renfermer que très peu de sulfate de potasse, ce qui constitue, à leur profit, un avantage sérieux par ce temps de guerre aux vins plâtrés.

La culture de la vigne et l'exportation des vins prendront en Portugal une activité nouvelle lorsque les voies de communication seront plus appropriées aux besoins et qu'une ligne de fer, en venant se souder à la ligne du Nord-Espagne, mettra la vallée du Douro en relations suivies et faciles avec le Midi de la France.

Disons aussi que les Portugais luttent avec énergie contre le phylloxera, qui, après avoir fait des ravages sérieux dans la vallée du Douro, se montre à Covilha, dans le district de Castello Branco. Depuis 1880, les propriétaires de l'Alto Douro ont fondé un poste d'observation chargé de surveiller et de combattre les ravages du terrible insecte. Une fabrique de sulfure de carbone est établie à Porto. De son côté, le Corps législatif vient en aide à la propriété, et va s'occuper d'une loi tendant à autoriser le gouvernement à payer les 2/3 du prix du sulfure destiné au traitement des vignes atteintes, ne laissant aux vignerons que le paiement de l'autre tiers. On déchargera aussi les viticulteurs de l'impôt pour cinq ou dix ans : pour cinq ans, si les vignes sont reconstituées par le traitement anti-phylloxérique; pour dix ans si le mal a fait des progrès et que la replantation soit jugée nécessaire. On ne peut qu'applaudir à ces mesures. Une question aussi grave que celle du phylloxera doit fixer l'attention et déterminer le concours de tous. L'initiative privée est insuffisante en présence d'un fléau aussi grand.

Il nous reste à examiner la production vinicole par région et par province. Participant aux qualités du sol où ils sont cultivés, les vignobles portugais présentent les crûs les plus variés; d'un autre côté les procédés de fabrication et de culture entrent pour beaucoup dans la qualité et la valeur des produits obtenus. Ces procédés varient à l'infini. Beaucoup sont routiniers et surannés.

Nous n'avons pas la prétention d'énumérer ici tous les crûs; nous nous proposons simplement de dire un mot des plus importants, surtout au point de vue du parti que peut en retirer notre importation française.

C'est le Portugal du Nord et la région du Douro qui sont les plus riches en vignobles; ces vignobles s'étendent sur le flanc des montagnes et des collines qui bordent le fleuve. Cette partie du Portugal est la plus riche, la plus peuplée et celle dont le climat est le plus tempéré. Elle produit les vins si réputés et si universellement connus sous le nom de *vins de Porto*. Nous avons déjà dit que la production des vignes de Porto représente la neuvième partie de la production totale du Portugal.

En 1879, l'exportation des vins de Porto a été de 260,131 hectolitres, et en 1880, de 331,449 hectolitres. L'Angleterre à elle seule en a pris en 1879 141,890 hectolitres et 154,262 hectolitres en 1880. Dans cette dernière-année, l'exportation au Brésil a été de 148,760 hectolitres.

Mais tandis que le Brésil ne consomme que des vins « maduros » à bon marché, l'Angleterre ne demande guère que du Porto-wine de très bonne qualité.

Ce sont aussi des vins maduros qu'achètent nos négociants français.

Il existe dans les caves de Villa-Nova-de-Gaya un stock considérable de Porto-wine à la disposition des docks de Londres et de Liverpool. Il est de notoriété publique que jamais vin n'a été embarqué de Porto pour les iles Britanniques sans avoir passé

moins de trois ans dans les chais de Gaya, où il
est admirablement soigné. Il est d'abord coupé,
alcoolisé, soufré; puis ouillé et soutiré, et finale-
ment collé au fouet et tiré au fin.

L'entrée du Douro à Porto est très difficile. La
passe y est fort étroite, peu profonde et souvent
obstruée par les sables. Les navires de fort tonnage
n'entrent guère dans le port. Aussi une bonne
partie des vins de la Beira vont-ils s'embarquer
à Lisbonne, subissant un transport long et coûteux
qui en augmente la valeur.

En dehors des vins renommés de Porto, la
région du Nord, province de Minho, récolte des
vins excellents, connus sous le nom de *vinhos
verdes* (vins verts) et se rapprochant de nos vins
de côtes. On les appelle aussi *vinhos de enforcados*
(de *enforcado*, pendu), parce qu'ils sont produits
par des ceps entrelacés dans les branches des arbres.
Ces vins n'ont ni la renommée ni l'emploi de ceux
de la Barraïda, mais ils conviennent pour les
coupages, en raison même de leur âpreté; ils n'ont
cependant qu'une richesse alcoolique assez faible,
de 8 à 12°. On pourrait les embarquer par le port
de Vianna.

La province de Tras-os-Montes, dont le climat est
âpre et rude, cultive peu la vigne. On y récolte
cependant les vins estimés de Feitoria. Le district
de Bragança produit aussi des vins blancs très
généreux. L'absence de communications nuit beaucoup au développement des ressources naturelles
de cette contrée.

Au sud du Douro, district d'Aveiro, province de la Beira, se récoltent les vins rouges les plus estimés, naturellement après ceux de Porto. Ils ont du corps, de la couleur et sont très riches en alcool, de 13 à 15°. Par le goût, ils se rapprochent de ceux du midi de la France. Les districts de Viseu et de Castello-Branco produisent des vins plus légers et plus agréables, mais offrant moins de ressources pour les coupages. — Figueira pourrait être le lieu d'embarquement des crûs renommés du district de la Barraïda. Ces vins sont le plus souvent connus sous le nom de vins de Figueira. Le centre d'achat dans cette contrée est Méalhada, à 237 kilomètres nord de Lisbonne et à 96 kilomètres sud de Porto.

Aux environs de Coïmbre se récolte aussi un vin léger, couleur juste, bon goût, richesse alcoolique faible, de 10 à 12°; mais ce vin abandonné à lui-même ne supporte pas les chaleurs de l'été; il a besoin d'être alcoolisé ou mélangé dès que vient le mois d'avril; il a cela de commun avec beaucoup d'autres vins du Portugal. Nous dirons, pour n'y plus revenir, que les vins de cette contrée ont besoin d'être surveillés, soutirés et au besoin alcoolisés, pour éviter la piqûre. Il n'y a guère que les bons vins, savoureux, naturellement alcoolisés qui soient de bonne garde.

La région viticole située au nord du Tage et de Lisbonne produit plusieurs qualités de vins rouges et blancs très estimés, dont voici les noms et les principaux caractères :

Cartaxo : Vins rouges bien colorés, s'exportant au Brésil.

Carcavellos : Vins blancs généreux très estimés, qui se rangent immédiatement après les vins de Porto et de Madère.

Collarès : Vins rouges et blancs très fins, agréablement parfumés ; ils alimentent la consommation riche et s'exportent comme vins fins.

Termo : C'est-à-dire vins de Lisbonne, assez alcooliques, bonne couleur, propres aux coupages.

Camarate : Vins de table, s'assimilent au vin de Porto.

Bucellas : Vins très connus, très estimés, blancs, légers, un peu épais et tant soit peu acides, tenant le milieu entre le Chablis et les vins du Rhin.

Torres-Vedras : Vins rouges, bons ordinaires de table ; belle couleur rouge vif ; gagnent à être coupés.

Abrigada et Merciana : Vins savoureux, belle couleur, bons pour les coupages.

Le centre des achats dans cette contrée est Alhandra, à 28 kilomètres nord de Lisbonne. La richesse alcoolique de tous ces vins est de 11 à 14°.

Dans la région du sud, on trouve la province d'Alemtejo (Alem-Tejo, *Outre-Tage*), vaste plaine ondulée, monotone, s'élevant vers l'est, au sol riche, mais peu cultivé. Bien que la production y soit moins abondante et moins soignée que dans la région au nord de Lisbonne, elle possède cependant quelques crûs excellents, parmi lesquels il faut citer en première ligne les vins muscats bien connus de Setubal.

Cette province, qu'on a pu appeler le grenier d'abondance du Portugal, reste en friche, parce que le déplorable régime des grandes propriétés y prévaut encore et que le paysan n'a nul souci de cultiver une terre dont il ne partagerait pas les fruits.

Citons les vins de cette contrée qui peuvent intéresser le commerce d'exportation.

Lavradio : Vins rouges secs et généreux.

Evora et **Redondo :** Vins ordinaires, assez agréables.

Bareiro-Samonco, Mouta, Seixal, Estremoz, Beja, Borba, Villa-Viçosa, donnent aussi des vins de bonne couleur, de 13 à 15°, un peu communs, mais propres cependant à l'exportation.

Portalègre, à l'extrémité nord de l'Alemtejo, est le centre d'une région qui produit des vins légers et peu alcooliques.

L'Algarve, riche et riante petite province au sud du Portugal, duquel elle est séparée par la serra Monchique ou « Echine du Chien », et par la serra Caldeirao ou du « Chaudron » produit des vins fins très capiteux qui s'exportent par les ports de Lagos et de Tavira. Les vins de cette région ne seraient pas inférieurs à ceux de Madère, de Xérès et de Malaga, si la fabrication en était faite avec plus de soin.

Notre revue des divers crûs portugais serait incomplète si nous ne disions pas un mot des vins qui se récoltent dans l'île de Madère.

Cette île, découverte en 1419 par deux gentils-hommes de don Henri, troisième fils de Jean Ier, roi du Portugal, fut entièrement déboisée par un incendie qui dura sept ans. La couche de cendres qui recouvrit le sol le rendit admirablement propre à recevoir une culture quelconque. Aussi les plants de vigne de Bourgogne et de Chypre qu'on introduisit dans l'île s'y développèrent-ils à souhait.

Actuellement, ils produisent les vins renommés de Madère, dont l'exportation va toujours grandissant. Elle est de 8 à 10,000 hectolitres, représentant une valeur de plus de 2,000,000 de francs. — L'Angleterre et la Russie sont les principaux débouchés de ces vins.

Les vins de Portugal sont appelés, par leurs qualités diverses, à jouer un rôle honorable sur les marchés importateurs. Ils peuvent devenir une source de richesse pour le pays qui les produit. Il suffit, pour cela, que les vignerons apportent tous leurs soins à la fabrication et à la conservation de leurs produits et que le fisc cesse d'écraser cette industrie sous des impôts contraires à la science économique moderne, comme par exemple celui qui frappe les vins à la sortie du territoire.

PRODUCTION VINICOLE DE L'ESPAGNE

« La Péninsule Ibérique, reliée à l'Europe
occidentale par l'isthme des Pyrénées, est une haute
terre montagneuse, ayant la forme d'un tronc de
pyramide carrée; la partie supérieure est occupée
par le plateau central de l'Espagne, ou plateau de
Castille, et les quatre faces latérales sont repré-
sentées par les quatre versants de la Péninsule. Les
talus bornant le plateau de Castille sont les plus
accidentés et donnent naissance à un grand nombre
de contreforts qui traversent et séparent les
terrasses dont ce plateau est entouré à sa base (¹). »

Nous donnerons une idée de l'élévation de ce
plateau, en disant que le chemin de fer du Nord
de l'Espagne passe, près d'Avila, à une altitude
plus grande d'une vingtaine de mètres que la voie

(¹) Nous avons fait, pour ce petit travail, de larges emprunts
aux remarquables ouvrages de notre regretté compatriote
Louis Lande, mort sur le sol espagnol, qu'il avait aimé, étudié
et décrit avec soin.

ferrée dite du mont Cenis. C'est le point le plus élevé atteint par les locomotives en Europe.

Cette configuration de la Péninsule fait que chaque région — et souvent même les diverses parties de la même région — jouit d'une flore, d'une température et d'un climat différents. En descendant, soit au midi, soit à l'est, les talus du plateau central, on passe sans transition des rigueurs des terres froides au climat énervant des pays chauds. Dans les régions montagneuses, le climat a des inconvénients extrêmes ; il est alternativement très froid et très chaud, non seulement de l'été à l'hiver, mais encore dans une même saison ; tandis que l'Andalousie méridionale, Murcie et Alicante sont les contrées de l'Europe dont la température moyenne est la plus élevée.

A part quelques contrées dans les pays Basques, il pleut très peu en Espagne, et presque pas dans les provinces de Murcie et d'Alicante. L'eau manque presque partout, comme dans les solitudes de l'Afrique. Dans certaines régions, on voit des maisons dont les murailles sont rouges parce qu'on a employé du vin pour délayer le mortier. Après de bonnes vendanges, avant que l'exportation des vins espagnols eût pris de l'importance, il était plus facile et plus économique de puiser dans le cellier que d'aller chercher au loin dans quelque vallée profonde, toujours par des chemins difficiles, une eau précieuse, plus utilement employée à l'irrigation des champs.

Les rivières, les fleuves sont des torrents

desséchés où pendant de longs mois pas une goutte
d'eau ne se montre. Aussi les Espagnols, et surtout
les Valençais, connaissent-ils et pratiquent-ils la
science de l'arrosage qui leur a été transmise par
les Mores. Ils ont peu d'eau, mais ce peu est
généralement bien utilisé. Des lois en règlent
l'emploi, et toute fraude est sévèrement punie par
un tribunal spécial.

Partout où les campagnes sont irriguées, le sol
témoigne d'une fertilité vraiment extraordinaire.
Mais à côté de quelques vallées et de quelques
plaines riches, à végétation exubérante, il existe
des steppes arides, des montagnes décharnées où
toute culture, toute végétation même est impossible.
Les arbres font presque partout défaut, et à part
de rares forêts de sapins dans le nord et de tristes
champs d'oliviers dans le midi, l'œil est fort
désagréablement frappé par cette nudité triste de la
plaine et des monts. De maigres plantes, quelques
arbres rabougris se montrent cependant çà et là au
milieu de terres pierreuses, ajoutant encore à la
désolation d'une campagne brûlée par le soleil.

Ce climat sec, cette nature tourmentée, ce sol
inégal et pierreux, exposé aux ardeurs du soleil,
de même que les vallées fertiles, conviennent
admirablement à la culture de la vigne. Aussi s'y
développe-t-elle partout, au nord, au centre et au
midi. Le vin est en ce moment le principal produit
de l'Espagne, la source de sa fortune. Elle en a
exporté pour 250,000,000 de francs en 1881. Ces
ventes considérables faciliteront, nous l'espérons,

le relèvement économique de la Péninsule, enrayé par une dette considérable et incertaine. Elles aideront aussi à créer des voies de communication nouvelles et à développer le réseau des lignes de fer qui, grâce à elles, seront assurées d'un trafic important. Déjà le nord de l'Espagne est pourvu d'un réseau qui facilite les transactions avec l'extérieur. Le centre, à son tour, coupé du nord au midi par la ligne de Madrid à Alicante, va être traversé par une voie allant de Lisbonne à Valence, par Plasencia, Tolède et Cuenca. Une autre ligne descendra de Caceres à Huelva, par Merida et Badajoz. Presque toutes les contrées vinicoles seront alors en communication directe avec des ports de mer.

Le vignoble espagnol était d'environ 1,200,000 hectares, produisant en moyenne 20,814,740 hectolitres de vin, représentant une valeur de 450,000,000 de pesetas, soit environ 1/4 de la production agricole. Mais depuis deux ans les plantations de vignes ont été considérables. Des montagnes entières sur lesquelles on n'avait vu jusqu'ici que de la lavande, du thym ou des ronces épineuses sont aujourd'hui couvertes de ceps verdoyants. Ces vignes toutefois ne seront pas encore de quelque temps en plein rapport. Il faudra attendre qu'elles donnent des produits ayant le corps et la tenue nécessaires pour aborder les marchés de l'extérieur.

Nous donnons ci-après un tableau, par province, de la production moyenne des vins en Espagne.

PRODUCTION DES VINS EN ESPAGNE (PAR PROVINCE)

	ANCIENNES PROVINCES	PROVINCES ACTUELLES	Récolte moyenne
Au Nord.	La Catalogne	Barcelone	1,780,000
		Tarragone	1,300,000
		Lerida	527,865
		Gérone	394,716
	L'Aragon	Saragosse	1,460,000
		Huesca	400,000
		Teruel	68,070
	La Navarre	Navarre	646,686
	Provinces Basques	Biscaye	»
		Guipuzcoa	1,618
		Alava	260,000
	Les Asturies	Oviedo	20,360
	La Galice	La Corogne	1,817
		Lugo	240,070
		Orense	174,789
Au centre.	Le royaume de Léon	Palencia	400,000
		Valladolid	679,747
		Léon	195,521
		Zamora	500,000
		Salamanque	219,000
	La Vieille-Castille	Burgos	431,000
		Logroño	1,066,500
		Santander	17,800
		Soria	11,164
		Ségovie	80,761
		Avila	57,746
	La Nouvelle-Castille	Madrid	580,560
		Tolède	380,820
		Guadalajara	520,000
		Cuenca	281,480
		Ciudad-Real	560,000
	L'Estramadure	Badajoz	167,466
		Caceres	161,532
Au Sud	L'Andalousie	Séville	142,500
		Cadix	1,287,840
		Huelva	500,000
		Cordoue	323,395
		Jaen	206,205
	Le royaume de Grenade	Grenade	400,112
		Almeria	81.240
		Malaga	969,940
	Le royaume de Murcie	Murcie	324,000
		Albacete	172.820
A l'Est	Le royaume de Valence	Valence	1,200,000
		Alicante	510,000
		Castillon de la Plana	679,600
	Les Iles Baléares	Iles Baléares	400,000
	....	Les Canaries	30,000
			20,814,740

Ce tableau accuse une production moyenne de 123 litres de vin par habitant; cette moyenne est de 133 litres en France, elle n'est que de 100 litres en Portugal. L'Espagne nous atteindra facilement si elle continue ses plantations.

L'Espagnol boit peu de vin. Tandis que la consommation moyenne par habitant est de 115 litres en France, et de 74 litres en Portugal, elle n'est guère que de 65 litres dans la Péninsule.

L'exportation des vins espagnols est d'environ 8,000,000 d'hectolitres, représentant, comme nous l'avons dit, une valeur de 250,000,000 de pesetas.

La France est au premier rang des pays qui importent, et l'Angleterre occupe la même place pour l'exportation. Toutefois, nous sommes pour la Péninsule autre chose que des clients précieux : en poussant nos établissements des ports dans l'intérieur des provinces, en faisant parcourir les vignobles espagnols par nos commissionnaires acheteurs, nous parvenons, avec une grande persévérance, à détruire quelques préjugés, donnant partout des leçons pratiques aux cultivateurs et leur enseignant la manière de faire et de soigner le vin. Mais une industrie aussi perfectionnée est longue à s'établir, surtout dans un pays arriéré, et bien qu'il y ait progrès, il n'est pas aussi sensible qu'il devrait l'être.

Les vins espagnols tiennent aussi une place fort honorable sur les marchés de l'Amérique du Sud — principalement à Buenos-Ayres, à Montevideo et au Chili. Les points d'expédition pour ces diverses

destinations sont Barcelone, Valence et Alicante.
Notre importation de vins d'Espagne s'est élevée :

	HECTOLITRES	VALEUR
En 1879..................	2,288,937	F. 60.668,110
En 1880..................	5,111,988	140,359,640
En 1881..................	5,722,276	156,668,280
4 premiers mois de 1882...	2,121,627	57,284,029

L'importation des 4 premiers mois de 1881 avait
atteint 2,210,942 hectolitres, et elle avait été de
2,332,930 hectolitres en 1880; cependant, l'année
1881 dans son ensemble a été en progrès sur sa
devancière.

Voici le tableau de nos importations en 1881
par villes auxquelles les vins étaient destinés :

	HECTOLITRES
Cette..................................	1,259,343
Paris..................................	1,218,280
Bordeaux..............................	837,103
Port-Vendres, La Nouvelle, Cerbère........	739.730
Bayonne..	479,300
Toulon	440,000
Le Havre	232,630
Marseille..	193,930
Rouen	104,090
La Rochelle	57,020
Nantes................................	51,120
Toulouse..............................	30,190
Brest.................................	27.690
Autres destinations....................	51.850
TOTAL.......... .	5,722,276

Ce chiffre de 5,722,276 hectolitres représente pour les exportations d'Espagne en France un maximum qui n'avait jamais été atteint. Il ne faut pas que nos voisins le prennent pour base de leurs calculs, s'ils ne veulent s'exposer à de cruels mécomptes. Il baissera certainement et dans des proportions sensibles en 1882, sous l'influence de récoltes dont le rendement s'améliore de plus en plus.

Cette diminution dans nos importations doit être un enseignement pour l'Espagne. Elle devra s'appliquer, si elle veut conserver notre clientèle, à nous fournir de beaux et bons vins, parfaitement neutres, savoureux, colorés et riches en alcool. A mesure que nous aurons des vins en France, nous deviendrons beaucoup plus difficiles pour les vins exotiques, qui ne sont tolérés dans notre consommation courante que grâce à des coupages faits judicieusement, et ayant pour but de les dénaturer et d'en masquer l'origine. Cette situation crée aux cultivateurs d'outre-monts l'obligation étroite de mettre tous leurs soins à la préparation de leurs récoltes, s'ils ne veulent pas constater un déficit considérable dans leurs exportations. Ils ont à côté d'eux, en Portugal, de redoutables concurrents. Il faut qu'ils s'appliquent, pour conserver leur rang, à produire bien et à bon marché. Ils peuvent y arriver bien mieux que d'autres, mais ils ont de grands progrès à faire sous tous les rapports.

« L'Espagne est favorisée par des vignes superbes, en général beaucoup plus fortes, plus feuillues et plus vivaces que les nôtres : vers cent ans, elles sont en plein rapport, du moins dans les fonds argileux, et on en montre qui ont, d'après la tradition, plus de trois siècles et ne semblent nullement affaiblies. On les plante très profondément dans des fosses d'un mètre et plus. Les grappes sont fort nombreuses à chaque pied, et les grains de raisins si pressés, qu'ils se chassent presque les uns les autres. »

Mais ces dons de la nature sont encore bien mal utilisés, malgré les améliorations que divers viticulteurs intelligents ont apportées à la fabrication du vin et qu'ils essaient de propager autour d'eux. On n'a, en général, aucun souci de l'exposition des celliers, de la dimension des cuves, du degré de fermentation, du choix du logement du vin, pas plus qu'on ne songe guère à l'ouillage, au soufrage et au fouettage de ce même vin. Aussi ce liquide n'est-il jamais complètement dépouillé et fin ; il garde trop souvent un goût de terroir très désagréable : « épais, plat et violent, » tel Saint-Simon le jugeait en trois mots, et tel il est resté depuis. De plus, son séjour dans les cuves, sans soutirages et sans soins, le prédispose à la piqûre. Les vins restés doux à la suite d'une fermentation insuffisante et mal conduite, ainsi que les vins aigres, sont très communs en Espagne. On se contente presque partout de plâtrer à outrance et souvent deux fois : d'abord dans la cuve de fermentation, ensuite au moment des soutirages de mars. On devra renoncer en partie à cette pratique, si on ne laisse plus passer à notre frontière que des vins renfermant moins de 2 pour 1000 de sulfate de potasse.

Disons cependant que des progrès sérieux sont constatés un peu partout; que les cépages des nouvelles plantations sont généralement choisis avec beaucoup plus de soin, et que la vinification se perfectionne, obligée qu'elle est de produire des vins neutres et secs.

« Il ne s'agit pas assurément d'obtenir quelque contrefaçon plus ou moins réussie de nos vins de France, comme quelques-uns y visaient tout d'abord; il s'agit simplement de faire du vin du pays, mais le plus parfait possible, et pour cela il n'y a que les procédés légitimes, tels que les combinaisons différentes des meilleurs cépages. » Quoi qu'on fasse, malgré les procédés, les appareils, les cépages mêmes, les vins d'Espagne conserveront toujours un caractère distinctif, puisé dans le sol et dans le climat, qui les empêchera sûrement d'être similaires de nos vins de France.

Les méthodes anciennes et routinières de plantation et de vinification ne sont pas les seuls fléaux que les viticulteurs d'outre-monts aient à combattre. On fera peut-être comprendre au vigneron que d'autres cultivent ia vigne et font le vin autrement et mieux que lui; mais on décidera plus difficilement son fatalisme à combattre le phylloxera, dont la présence a été signalée dans quelques parties de la Péninsule. Il est cependant urgent de surveiller attentivement la marche de ce fléau et de circonscrire, si possible, les centres d'infection avant qu'ils s'étendent au loin. Jusqu'à présent le mal n'est pas grand; mais il est temps d'attaquer les foyers signalés. Que l'Espagne suive l'exemple de l'Italie et du Portugal, où la guerre au phylloxera s'organise et se poursuit activement.

Nos voisins ont aussi à améliorer, à créer leurs voies de communication. Le peu de routes qu'il y a en Espagne sont mal entretenues et insuffisantes à parer aux besoins des échanges d'un grand peuple. Des parties de provinces n'ont d'autres chemins que les lits de torrents presque toujours à sec. On conçoit, dans ces conditions, que les charrois soient longs et coûteux, et que le prix de la marchandise se trouve augmenté par des frais considérables. Nous savons bien que les difficultés sont grandes pour établir de bonnes routes dans ce pays montagneux, coupé de précipices, de fondrières et de ravins; mais on pourrait toujours commencer et faire le plus urgent et le plus facile.

Le système d'impôts n'est pas non plus, en Espagne, à l'abri de toute critique en ce qui touche à l'exportation des vins. Outre les frais de mesurage, perçus au profit des communes, et qui s'élèvent jusqu'à un réal par 16 litres, les vins acquittent souvent un impôt de consommation à leur passage dans certaines villes et bourgades. Ces droits de *consumos*, payés jusqu'à deux et trois fois, constituent de véritables douanes intérieures arrêtant le développement du trafic. L'irrégularité de cet impôt fait qu'il est supporté par la propriété partout où il est perçu.

On ne peut pas non plus s'imaginer combien la circulation monétaire est entravée en Espagne, au mépris des plus simples notions d'économie. Nous ne parlerons pas de la diversité des monnaies et de la quantité prodigieuse de pièces fausses qui circulent, créant un embarras de tous les instants au voyageur; mais bien de l'établissement d'un autre âge de banques de province autorisées à créer du papier et se le refusant mutuellement. Les billets de la banque de Madrid n'ont pas cours à Valence, et *vice versâ*. Ainsi, fait monstrueux qui rendra bien notre pensée, il est beaucoup plus facile et moins coûteux, lorsqu'on est à Alicante et qu'on a un chèque de 20,000 pesetas sur Madrid, d'aller l'encaisser soi-même que de le négocier en Banque. Conçoit-on que, dans une ville chef-lieu de province, siège d'une succursale de banque, du papier de premier ordre, à vue, sur la capitale, soit frappé d'un change de 1 à 2 0/0! Un voyage de 910 kilomètres, aller et retour, est plus économique que la négociation de 20,000 pesetas! Quelle idée se fait-on donc en Espagne de l'utilité du crédit et du besoin des échanges!

Pour en finir avec l'examen des entraves que rencontrent et producteurs et exportateurs, nous ajouterons que les mesures de capacité usitées dans la Péninsule prêtent à la confusion, parce que sous une même dénomination, les contenances varient suivant les localités. Le système métrique

français des poids et mesures est cependant introduit en Espagne depuis 1859. Que ne le rend-on
obligatoire pour tous?

Nos critiques n'ont d'autre but que de mettre
les viticulteurs espagnols en garde contre un trop
grand optimisme. Ils s'imaginent, à tort, que nous
avons un besoin absolu de leurs produits. Ils ont
une poule aux œufs d'or dans la main; qu'ils en
aient le plus grand soin. Le nouveau tarif conven-
tionnel des Douanes abaissant de 3^{f}50 à 2 fr. les
droits d'importation des vins en France, est une
nouvelle prime offerte à leurs vins; mais qu'ils se
gardent bien de croire que notre commerce aura
forcément recours à eux. Que deux années de
prospérité ne les aveuglent pas. L'exemple de
l'Italie est d'ailleurs là pour leur ouvrir les yeux.
Les vins de cette contrée ont été tenus, depuis la
récolte dernière, à un prix fort élevé; aussi nos
importations de ce pays, dans les quatre premiers
mois de l'année courante, présentent-elles, sur la
période correspondante en 1881, la diminution très
considérable de 469,280 hectolitres, soit environ
65 0/0 des quantités qui servent de comparaison.
Quand les prix seront trop élevés en Espagne, ou
les produits défectueux, nul doute que la consommation portera ses achats dans d'autres centres de
production. Nos voisins sauront-ils éviter cette
extrémité?

Il nous reste à jeter un rapide coup d'œil sur les
vins spéciaux à chaque contrée de la Péninsule.

NORD DE L'ESPAGNE

Au nord, en franchissant la frontière à Irun, à l'extrémité ouest de la chaîne des Pyrénées, on entre en Espagne par les provinces Basques, ayant à sa gauche la Navarre, puis l'Aragon, et enfin la Catalogne, dont la partie orientale baigne dans la Méditerranée.

Les parties du royaume de Léon et de la Vieille-Castille comprises entre le golfe de Gascogne et la vallée du Douro forment également le nord de la Péninsule.

Nous considérerons donc comme appartenant au nord de l'Espagne tout le versant de la mer Cantabrique, tout le bassin de l'Èbre et la rive droite du Douro. Cette division peut être vicieuse au point de vue géographique, mais elle a l'avantage de nous permettre d'étudier la vigne dans une contrée différente d'aspect et de climat qui, à elle seule, est comme une réduction de l'Espagne, et qui fournit, d'après le relevé de la production des vins que nous avons donné, 10,077,723 hectolitres, soit la moitié du rendement total de la récolte dans la Péninsule. C'est à cause de cela la contrée la plus généralement visitée par nos commissionnaires-acheteurs et celle qui fournit les trois quarts des vins exportés.

La ligne de fer du nord de l'Espagne, avec

embranchement, à Alsasua, pour Pampelune et Saragosse, et pour Santander et la Corogne, à Palencia, est coupée, à Miranda, par la ligne de Tudela à Bilbao, qui suit la vallée de l'Èbre jusqu'à son point d'attache à la ligne du nord. De Saragosse, la voie ferrée se continue jusqu'à Barcelone, avec embranchement de Tardienta à Huesca; une autre ligne va aussi de Saragosse à Madrid. La partie occidentale de la Catalogne est desservie par une ligne qui suit la côte de Valence à Perpignan, en passant par Barcelone. Comme on le voit, le réseau des lignes ferrées du nord de l'Espagne, le plus complet de la Péninsule, se rattache à la France par deux côtés, facilitant ainsi l'exportation des vins espagnols, dont l'entrée par Cerbère et Irun représente environ les 2/3 de notre importation totale.

A l'ouest et au nord de la contrée qui nous occupe, sur les bords de l'Océan et au nord des monts des Asturies et des monts Cantabres, se trouvent la Galice, les Asturies, le nord de la Vieille-Castille et une partie des provinces Basques. Le climat y est froid et humide. Cette région cultive peu la vigne. Les raisins y atteignent rarement une maturité complète, ce qui donne aux vins qu'on en retire une saveur âpre et acide les rapprochant de ceux récoltés en Portugal dans la région du Minho. En revanche, les pommiers y sont nombreux et on y fabrique un excellent cidre.

Au centre, se trouve une région riche, fertile et essentiellement vinicole, et cela de toute antiquité :

c'est la double Rioja, l'Alavaise et la Castillane. La superficie des provinces d'Alava et de Logroño comprend en tout 815,000 hectares, dont une bonne partie est plantée en vignes. Par son climat moins ardent que celui des autres provinces, la Rioja se trouve admirablement favorisée pour produire des vins légers, d'une belle couleur rouge vif, d'une richesse alcoolique moyenne de 11 à 13°, excellents pour les coupages. Par malheur, ces vins, en grande partie mal soignés, ont un goût de terroir par trop prononcé qui les fait délaisser des acheteurs, principalement ceux des environs de Logroño.

Le chemin de fer de Tudela à Bilbao, qui traverse la Rioja dans sa plus grande longueur, facilite les transactions et fait de cette contrée un centre d'exportation très actif. Dans les années humides, ces vins manquent cependant de corps et leur faible degré alcoolique les expose à la piqûre.

Le marquis de Riscal a transporté dans les localités d'Elcigo et de la Guardia 30,000 pieds des plus fins cépages du Médoc. Les vignes bordelaises produisent beaucoup moins que celles du pays, mais le fruit qu'on en retire est bien supérieur, et les raisins Malbec, Sauvignon, Sémillon, vendangés avec les autres, donnent à l'ensemble de la récolte une finesse et un parfum tout particuliers. L'expérience qu'a tentée le marquis de Riscal a parfaitement réussi, et bien que son vin ait encore un peu le goût de la Rioja, duquel il ne peut se débarrasser, puisqu'il tire ce cachet du sol même dans lequel se récoltent les raisins qui servent à le fabriquer, il n'en est pas moins recherché comme vin de table, et, dernièrement, les récoltes de ce crù ont trouvé un placement avantageux et facile sur notre marché bordelais. Espérons que cet exemple sera suivi.

Plus à l'est, sur les bors de l'Èbre, aux environs de Tudela, se récoltent les vins de la Navarre, plus pleins, plus noirs, plus alcooliques que ceux de la Rioja, mais ayant aussi, le plus souvent, un goût de terroir très prononcé. Dans cette contrée, la fermentation est mal conduite, et les vins y sont souvent doux et, par suite, impropres à l'exportation.

L'Aragon et la Catalogne, bien que différant par l'aspect du sol, sont également propres à la culture de la vigne : les riches plaines de Huesca, de Barbastro et de Saragosse, de même que les coteaux de la Catalogne, produisent des vins en abondance. Ce sont les contrées les plus vinicoles de la Péninsule : à elles deux elles produisent le tiers de la récolte des vins en Espagne.

Nous citerons en première ligne, dans l'Aragon, les vins de Priorato et de Cariñena, pleins et savoureux, belle robe, riches en alcool et de bonne et sûre conservation, et au second rang les vins de Huesca, aussi très beaux et bien colorés dans les années de bonne récolte. Ces vins d'Aragon gagnent à ne pas être employés trop tôt après la vendange. Comme nos Roussillons, ils sont sujets à une seconde fermentation qui les trouble de février en avril. On doit naturellement les surveiller et les soigner pendant ce second travail, qui porte quelquefois la richesse alcoolique de ces vins jusqu'à 16 et 18°.

En Catalogne, nous indiquerons les vins de Benicarlo, justement estimés, et ceux de Tarragone, plus légers, mais très agréables.

A côté des crûs que nous citons, combien de vins défectueux dans ces deux provinces : lourds, épais, douceâtres en Aragon; légers, mauvais goût et aigres dans la Catalogne. Toute la récolte est loin d'être utilisable par la faute des producteurs, et une grande partie, plus ou moins avariée, s'écoule à des prix dérisoires.

Si de ces contrées de l'est, nous revenons dans la Vieille-Castille et le royaume de Léon, nous trouverons, dans la province de Burgos, sur le froid plateau du centre, à une altitude de plus de 600 mètres, les vins de la Ribera, peu connus et peu achetés. Le voisinage de la Rioja, leur éloignement de la ligne de fer, leur peu de couleur et leur faible degré alcoolique nuisent à leur écoulement et les font délaisser.

A Valladolid, Matapazuelos, Pozaldes et la Nava, à près de 700 mètres au-dessus du niveau de la mer, on trouve des vins blancs alcooliques, qui en vieillissant se rapprochent des vins de Jerez. Cette contrée produit aussi quelques vins rouges, noirs, épais, peu alcooliques, à goût de terroir fort désagréable.

CENTRE DE L'ESPAGNE

Au centre, sur les rives du Douro, dans le royaume de Léon, à Toro et Zamora, se récoltent des vins rouges secs, agréables, jolie robe, de 11 à 13°, faciles à conserver et très propres à l'exportation, surtout depuis que les viticulteurs écoutent et suivent les conseils de nos acheteurs et se dispensent d'enduire leurs cuves de poix. Le chemin de fer de Medina del Campo à Zamora facilite les transactions dans cette contrée, qui verra son commerce, sa fortune et son importance s'accroître sensiblement lorsque la voie ferrée aboutira au port de Porto.

La Vieille-Castille, au-dessous de Valladolid, ne produit que fort peu de vin : 80,000 hectolitres dans la province de Ségovie, et 57,000 hectolitres dans celle d'Avila. Ces vins n'ont aucune des qualités qui pourraient les faire rechercher par le commerce.

Tout ce plateau central est triste et monotone; sa beauté « solennelle et formidable » n'est pas de nature à être comprise par la plupart des voyageurs. La campagne y est réduite à un tel état de nudité que, suivant le proverbe, « l'alouette traversant les Castilles doit emporter son grain ».

Cependant nous avons vu que la Vieille-Castille produisait du vin : la vigne vient aussi très bien dans la Nouvelle-Castille.

Dans la province de Madrid et de Guadalajara se récoltent plus d'un million d'hectolitres d'un vin léger, neutre, jolie couleur, ayant une richesse alcoolique de 11 à 13°, propre à l'exportation, mais difficile à transporter jusqu'à Madrid, où se trouve cependant la gare la plus voisine.

A l'ouest de la Nouvelle-Castille se récoltent les vins de Cuenca, éloignés de toute grande voie de communication. Ils sont délaissés pour ce motif, et aussi parce que leur qualité est médiocre.

Au sud, dans la Manche (de l'arabe *Manxa*, terre desséchée, sol aride et salé), se trouvent les vins renommés de Valdepeñas. Ces vins, d'un beau rouge foncé dans les bonnes années, et capiteux, auraient pour origine, assure-t-on, des plants apportés de Bourgogne. Leur réputation est considérable en Espagne; ce sont les premiers vins de table de la Péninsule. En 1881, la qualité de la récolte a été pitoyable dans la Manche; les vins y manquaient absolument de corps et de couleur. Ajoutons qu'on abuse de la dénomination de vin de Valdepeñas et qu'on l'applique indistinctement et à tort à tous les vins de la contrée comprise entre Alcazar-San-Juan, Ciudad-Real et Villarrobledo.

Dans la Nouvelle-Castille, Tomelloso est un centre de production considérable de vins blancs qu'on livre à la chaudière et qui donnent de fort bonnes eaux-de-vie.

Dans l'Estramadure, la province de Caceres, au nord de la sierra d'Estramadure, et la province de Badajoz, au sud de cette même sierra, dans la vallée du Tage, produisent des vins blancs et rouges peu estimés. Là aussi les procédés de vinification laissent beaucoup à désirer. Dans les bonnes années cependant, le commerce pourra demander aux environs de Mérida quelques vins dont l'exportation est assez facile par le port de Lisbonne.

SUD DE L'ESPAGNE

La partie méridionale de la Péninsule, Murcie, Andalousie, Alicante, est, avec quelques localités exceptionnelles de la Sicile, de la Grèce, de l'Archipel, la contrée de l'Europe dont la température moyenne est la plus élevée.

En maints endroits se trouvent de véritables steppes, des régions restées salines à cause du manque d'eau qui les nettoie et les féconde. Près de Murcie, la rareté des pluies fait que les *campos* (champs non irrigués) ne produisent en moyenne qu'une année sur trois. Les campagnes de la plaine de Carthagène, a dit un voyageur, « ont la végétation d'un four à chaux »; non loin de Séville se trouve Ecija, « la poêle à frire » ou « le fourneau » de l'Espagne. Mais partout où le sol est arrosé, la végétation est merveilleuse et l'agriculture obtient des résultats inouïs. Dans la province de Valence, la science de l'irrigation est poussée à ses dernières limites, et sa *huerta* est la plus fraîche, la plus ombrée et la plus parfumée de l'Espagne.

On conçoit que les vins de cette contrée, exposée aux ardeurs du soleil et rarement rafraîchie par les pluies, soient riches en sucre, liquoreux et fortement alcooliques. Là se trouvent les vins fameux de Jerez, de Malaga et d'Alicante. L'ouest est la patrie des vins blancs (Cadix et Huelva); à l'est on ne produit guère que des vins rouges (Provinces de Valence et d'Alicante). Partout on soigne mieux la culture et la vinification que dans le nord de l'Espagne, surtout en ce qui concerne les vins blancs. « Le choix des cépages, de l'outillage, de l'exposition des cuves, etc., tous ces procédés de la bonne fabrication, sont observés depuis des siècles aux environs de Jerez, de Malaga et d'Alicante avec une constance et un succès auxquels la présence des Anglais n'aura pas nui sans doute. On récolte là des vins exquis qu'on pourrait appeler des extraits de vins : ceux de liqueur surtout ont un moelleux et un plein que la chaleur du soleil peut seule achever. Les vignes de Jerez sont l'objet de soins minutieux, comme celles qui, chez nous, produisent le vin de Champagne ou les Sauternes liquoreux; à l'époque des vendanges, les raisins sont littéralement cueillis grain à grain au fur et à mesure de leur maturité. »

Les vignobles de Jerez occupent une superficie d'environ 6,000 hectares; leur production peut s'élever à 100,000 hectolitres. La province de Cadix récolte 1,287,840 hectolitres de vin, et celle de Huelva 500,000 hectolitres.

Une grande partie des vignobles de Jerez est

entre les mains de propriétaires anglais; des négociants, des préparateurs de la même nation sont occupés en foule à couper les différents crûs avec les gros vins de Chiclana, de Rota et de Sanlucar. Certains vins de premier ordre, la *tintilla* sucrée de Rota, le *manzanilla*, jeune vin non encore soumis au coupage, que l'on boit dans un verre à part, le *pajarete*, fabriqué avec une espèce de raisin particulière que l'on fait sécher avant de l'envoyer au pressoir, constituent un véritable monopole entre les mains de quelques propriétaires.

A côté des ateliers de coupage et de tonnellerie sont les *bodegas*, immenses chais dans lesquels on emmagasine et soigne les vins destinés à l'exportation.

« Les vins de Jerez se divisent en *secos* et *dulces;* parmi les premiers il faut distinguer le jerez *seco* proprement dit et le jerez *amontillado;* tous deux proviennent du même raisin, mais les procédés de fabrication diffèrent. Le jerez seco se distingue par un parfum aromatique tout particulier, plus prononcé que celui de l'amontillado. Il y en a de trois sortes, qu'on appelle jerez *paja*, *oro* et *oscuro*, c'est-à-dire paille, couleur d'or et foncé; le jerez *oscuro* est presque entièrement expédié en Angleterre après avoir subi une forte addition d'eau-de-vie; c'est ce qu'on boit à Londres sous le nom de *brown scherry*, jerez brun. Quant au jerez *amontillado*, il est d'une couleur de paille plus ou moins foncée; sa saveur est beaucoup plus riche et plus fine et le fait vendre plus cher; le nom d'*amontillado* vient d'une certaine analogie que ce vin présente avec celui qu'on récolte à Montilla, dans la province de Cordoue. »

Les vins doux de Jerez sont le *Pajarete* dont le *Pedro Jimenez* est une variété, et le *Moscatel* ou muscat: ce dernier se fait avec du raisin muscat très sucré.

Le jerez se conserve très longtemps; on en voyait à l'Exposition de 1878 qui avait cent et même deux cents ans.

Nous nous sommes étendus un peu longuement sur cette variété des vins de liqueurs fabriqués en Espagne, parce que ce sont les plus généralement connus, ceux qui s'exportent en plus grande quantité; mais à côté, combien d'autres vins délicieux, parmi lesquels nous citerons le Grenache, le Malvoisie, le Rancio, le Malaga, le Tintilla de Rota, le Manzanilla, le Fondellon d'Alicante.

Cependant, quelle que soit la qualité de ces vins, ils n'en forment pas moins une classe à part, n'intéressant qu'une certaine consommation de luxe et un petit nombre de négociants. La consommation courante, la seule importante au point de vue des affaires, se préoccupe peu de ces vins. Elle va s'approvisionner à Huelva de vins blancs neutres, alcooliques et de bonne conservation. En 1881 ces vins ont fait défaut; les vendanges dans la province ont été presque nulles.

Mais la grande exportation de la contrée qui nous occupe a pour centre Alicante et Valence, et

pour objet les vins rouges. Alicante surtout est
admirablement placé. Son port est sûr et fréquenté.
Depuis la création des voies ferrées, c'est par
Alicante que Madrid se trouve le plus rapproché
de la mer. Les vins de cette province ont des qualités de premier ordre qui les recommandent à
l'attention du commerce. Ils sont neutres, savoureux, pleins, bien colorés, riches en alcool, et par
suite faciles à conserver. Ils ne doivent pas être
employés trop tôt après la vendange, par crainte
d'une seconde fermentation se produisant souvent
de février à mai, comme sur nos vins du Roussillon, qu'ils égalent par plus d'un côté. Passé cette
époque critique, aucun autre vin ne peut rendre
de plus grands services dans les coupages. Nous
parlons bien entendu des vins secs; quant aux vins
doux, le commerce les utilise pour la préparation
de vins sucrés et de vins apéritifs. Parmi les vins
de la province d'Alicante, nous citerons ceux de
Monovar, Yecla, Pinoso, Villena et Sax.

Aux environs de Valence se récolte un vin plus
noir, plus épais, entaché d'un goût de terroir fort
prononcé et désagréable. Ce vin, très alcoolique, se
dédouble facilement, ce qui le fait rechercher dans
l'Amérique du Sud, où l'on en expédie des quantités
importantes. La province de Valence fournit aussi
des vins plus fins, plus légers, plus droits de goût
et par cela même pouvant être utilisés par nos
importateurs.

L'Espagne est depuis deux ans la contrée qui
exporte le plus de vins. Elle a trouvé là un élément

de richesse considérable et inattendu; aussi tant que nos vignobles seront ravagés par le phylloxera, devra-t-elle s'appliquer à maintenir cette situation avantageuse, en facilitant la culture de la vigne, en la protégeant même, et en débarrassant le vin des entraves qui nuisent à sa libre circulation. Son intérêt bien entendu le lui commande impérieusement. Notre système d'impôt sur les vins est bien vicieux, mais il ne frappe que la consommation intérieure, exemptant de toute taxe ceux qui sont destinés à l'exportation.

Quant aux viticulteurs d'outre-monts, ils ne devront pas perdre de vue que nous sommes leur meilleur client. Ils devront donc mettre tous leurs soins à améliorer leurs procédés de vinification, de manière à nous présenter des vins neutres, bien colorés, riches en alcool, de conservation facile, exempts de plâtre le plus possible. Le nouveau tarif des Douanes leur permet d'aborder notre marché et de s'y maintenir, tout au moins jusqu'à ce que notre vignoble soit moins maltraité.

LES VINS ITALIENS

CULTURE

La Péninsule Italienne est une des contrées les plus nettement délimitées par la nature. De même que la Grèce et l'Espagne, elle forme un petit monde à part, protégé contre ses voisins par la longue ceinture des Alpes et par la mer. « Non seulement le relief du sol limite parfaitement la Péninsule latine; celle-ci se distingue aussi de tous les pays transalpins par le charme du climat, la beauté du ciel, la richesse des campagnes; dès que l'habitant d'outre-mont a franchi la crète de séparation, et commence à descendre sur les pentes ensoleillées, il s'aperçoit que tout a changé autour de lui; il est sur une terre nouvelle. »

La configuration intérieure de la Péninsule laisse cependant beaucoup à désirer : la chaîne des Apennins, qui traverse le royaume dans toute sa longueur, rend les communications difficiles entre les provinces de l'intérieur. Des plaines entourées de montagnes, des défilés autrefois infranchissables gênent trop souvent les transactions; mais grâce

au grand développement de leurs côtes, les diverses
provinces de l'Italie peuvent facilement communi-
quer entre elles par le grand chemin de la mer.

Les montagnes, le voisinage de la mer, contribuent à rendre le climat de cette fertile contrée
égal, doux et tempéré. Aussi se prête-t-il merveilleusement à la culture de la vigne, culture qui
s'étend d'un bout à l'autre de la Péninsule.

En 1875, on évaluait à 2 millions d'hectares le
terrain planté en vignes, et la production à 33 millions d'hectolitres, ce qui correspondait à un rendement moyen de 16 hectolitres par hectare. Depuis
on a calculé que la production moyenne du vin
ne dépassait pas 27 millions d'hectolitres, représentant une valeur de près d'un milliard. Dans ce
cas, le rendement serait de 14 hectolitres 50 par
hectare.

Si on compare ce rendement avec celui des
vignobles de France, d'Espagne et d'Autriche-
Hongrie, on trouvera que ce dernier l'emporte de
beaucoup. Cela tient non à la fertilité du sol, mais
bien au mode de culture employé. Dans les .pays
que nous venons de citer, le terrain est exclusivement planté en vignes, et on peut évaluer à 10,000
le nombre de plants par hectare. Tandis qu'en
Italie les plants sont très espacés, et les grappes,
soutenues par des fils de fer, sont élevées à une
assez grande distance du sol. Dans beaucoup de
provinces, surtout au Nord, la vigne est associée à
d'autres végétaux; on la laisse courir d'arbre en
arbre; elle se confond avec le reste de la plantation.

Dans les provinces méridionales, principalement en Sicile, la viticulture emploie, il est vrai, des procédés plus rationnels; mais là, c'est l'art de la vinification qui laisse à désirer.

Il faut cependant reconnaître que depuis quelque temps les vignerons italiens ont introduit de grandes améliorations dans leurs procédés de culture et de fabrication. La bonne volonté ne leur fait pas défaut; avec un peu de constance, le succès est assuré.

La vendange a lieu ordinairement du commencement de septembre à fin octobre; quelquefois elle se prolonge en novembre. Les gelées blanches du printemps et une trop grande sécheresse au moment de la maturité sont également à redouter.

On remarque une grande incohérence dans les dénominations des vins italiens; les noms, en général, ne correspondent pas à des espèces bien déterminées. Bon nombre de vins, appartenant à la même variété de raisins, portent des noms différents, de province à province, et quelquefois même de commune à commune. D'autres, provenant de cépages divers, reçoivent la même dénomination.

Cette absence de fixité dans les types déroute l'acheteur et diminue la vente à l'étranger. D'autres causes tendent également au même résultat : en premier lieu, le prix élevé du vin, qui n'est pas en rapport avec la qualité intrinsèque du produit; d'autre part, ces vins sont souvent douceâtres, entachés d'un goût de terroir prononcé; or ce que demande le commerce d'exportation, ce que veut sa clientèle, ce sont des vins secs, neutres, clairs, limpides, savoureux, de conservation facile, ayant une jolie robe et une richesse alcoolique assez élevée. De l'aveu même des Italiens, leurs produits ne remplissent ces conditions que d'une façon tout à fait incomplète. Quelques crûs toutefois font exception, grâce aux progrès réalisés depuis ces derniers temps.

Lors de l'Exposition Universelle de Paris, en 1878, le ministre de l'agriculture de l'Italie a fourni, sur la production de ce pays, la note statistique suivante :

PROVINCES		SUPERFICIE plantée en vignes (hectares)	RÉCOLTE moyenne (hectolitres)
Au Nord..	Piémont	117,302	2,706,196
	Lombardie	140,786	1,895,302
	Vénétie	242,987	2,604,949
	Ligurie	44,326	598,340
	Emilie	168,462	1,090,160
Au Centre	Marche et Ombrie	145,368	1,917,346
	Toscane	219,332	2,988,346
	Latium	43,996	835,924
Au Midi..	Bords de l'Adriatique	267,355	3,534,476
	» de la Méditerranée	244,455	3,668,304
Iles	Sicile	211,454	4,246,363
	Sardaigne	24,186	450,827
		1,870,109	27,436,533
Récolte moyenne par hectare		....	14.6

La population de l'Italie étant de **28,437,091** habitants, la production des vins n'atteint que

96 litres par personne; elle est donc inférieure à celle de la France (133 litres) et aussi à celle de l'Espagne (123 litres); elle se rapproche de celle du Portugal (100 litres).

Dans ces conditions, en tenant compte des vins défectueux qui, en vieillissant, deviennent impropres à l'alimentation, la récolte n'excède guère les besoins de la consommation intérieure, bien que celle-ci ne soit pas considérable. Aussi dans les années qui suivent de pauvres vendanges, comme celles de 1881, le prix élevé de la marchandise, fortement demandée par les consommateurs indigènes, arrête les envois à l'étranger.

Les Italiens semblent avoir compris que la viticulture leur offrait une source importante de richesses, et ils s'appliquent sérieusement à développer les plantations de la vigne, tout en améliorant la fabrication du vin : des arrondissements entiers se couvrent de vignes. Leur ambition serait de fabriquer eux-mêmes des vins de bonne qualité, à types constants, qui pourraient lutter avec les nôtres; mais ils reconnaissent combien ils sont encore loin du but, et quels efforts il leur reste à faire pour tirer convenablement parti des avantages que leur offre leur admirable sol.

Aussi le gouvernement italien, la presse et des sociétés spéciales, luttent-ils contre l'ignorance des cultivateurs de la vigne. En général, ce sont les vignerons qui procèdent eux-mêmes à la vinification, et ils n'ont ni les connaissances ni le matériel nécessaires. Il existe déjà plusieurs écoles d'œnologie et de viticulture. Conférences, expositions et concours n'ont pas non plus été épargnés pour encourager l'industrie vinicole et propager les meilleurs procédés. L'activité et l'intelligence de quelques grands propriétaires, le développement de la presse œnologique, contribuent à cette œuvre de propagande. Des progrès sérieux ont été déjà constatés en Piémont et en Toscane, quant à la culture, au choix des plants, au mode de vendanger; la vinification s'y est également améliorée : ainsi, on a maintenant recours sur beaucoup de points à la fermentation à vases ouverts, aux pressoirs perfectionnés, à de bonnes pompes pour le transvasement; on soufre les tonneaux et l'on entretient avec plus de soin et de propreté les vases destinés à recevoir le vin.

L'ignorance et la routine ne sont pas les seuls fléaux à combattre; il faut déjouer la mauvaise foi d'un grand nombre de producteurs ou négociants qui, en falsifiant les vins pour obtenir un gain éphémère, compromettent la réputation du commerce italien à l'étranger. C'est surtout dans le Midi que des falsifications nombreuses ont été constatées. Le plâtre ou sulfate de chaux, lorsqu'il est ajouté au vin de manière à ne produire que deux grammes de sulfate de potasse par litre, peut donner de la stabilité et de la limpidité au liquide; employé à plus haute dose, il rend les vins saisissables en France. Or, beaucoup de vins de Sicile contiennent jusqu'à quatre, cinq et six grammes de sulfate de potasse par litre. Les producteurs de cette contrée devront renoncer au plâtrage, s'ils veulent se maintenir sur notre marché.

D'autre part, on exagère le vinage, c'est-à-dire l'addition d'alcool aux vins qui doivent voyager, et, ce qui est bien plus grave, on les colore artificiellement. Les journaux annonçaient, à la fin d'août dernier, que quelques chargements de vins italiens avaient été refusés à Marseille à la suite d'analyses chimiques. La coloration artificielle — quelque inoffensive qu'elle puisse être — est sévèrement poursuivie en France. Les tribunaux y voient une falsification punissable.

Il faut se défendre enfin contre un impôt nuisant à la production et aux transactions, et développer autant que possible les moyens de transports, pour que les vins ne soient pas augmentés d'une valeur fictive resserrant les transactions.

Les Italiens ont aussi à lutter contre le phylloxera qui a fait son apparition dans plusieurs provinces; il s'est également manifesté en Sicile et à Port-Maurice, où de nouveaux centres d'infection ont été découverts. En Lombardie, on n'a pu, malgré une surveillance minutieuse et incessante, concentrer le fléau dans ses deux foyers primitifs : Agrate et Valmadrera. On a constaté sa présence dans quelques localités environnantes. L'État a pris des dispositions pour le combattre. Les vignes atteintes sont soignées par ordre et sous la surveillance du délégué du gouvernement; dans certaines localités on défend même l'arrachage des ceps sans son consentement, cette opération étant jugée de nature

à propager le fléau, lorsqu'elle est faite sans
précaution. C'est une sorte d'état de siège qui pèse
partout où l'ennemi est signalé.

EXPORTATION

L'accroissement rapide de l'exportation des vins
en 1880 a été pour les Italiens un grand sujet de
joie, en ce sens qu'il était une source de richesse
pour tous et qu'il allait faciliter le relèvement
économique du pays. Toutefois la satisfaction que
leur causait une situation aussi heureuse et aussi
inespérée n'était pas sans mélange. Ils considéraient
que l'exportation porte presque en totalité sur des
vins de qualité médiocre, à 30 francs l'hectolitre
en moyenne, dont les nations voisines ne se servent
guère que comme de matière première pour couper
leurs propres vins et augmenter ainsi les quantités
disponibles pour la grosse consommation. La preuve
de ce fait se trouve dans la statistique ci-après,
dans laquelle le vin en bouteilles, fabriqué en
Italie même, ne compte que pour une valeur
d'environ 4 millions de francs. Il est juste cependant de reconnaître que l'exportation des vins en
bouteilles a plus que doublé depuis 1877; elle
représente le 1/12 de l'exportation totale, qui a
atteint le chiffre respectable de 69,340,930 francs
en 1880. Malheureusement ce n'est là qu'une
exception brillante qui ne semble pas devoir se

maintenir, car depuis, la baisse s'accentue de plus en plus.

Voici du reste le tableau des exportations des vins italiens depuis 1877 :

ANNÉES	EXPORTATION TOTALE		EXPORTÉS EN FRANCE	
	quantités	valeur (francs)	quantités	valeur (francs)
Vins en fûts				
	hectolitres		hectolitres	
1877...	354,714	10,641,420	105,048	3,151,440
1878...	525,057	10,501,140	170,759	3,415,180
1879...	1,063,114	26,577,850	679,248	16,981,200
1880...	2,188,817	65,664,510	1,825,490	54,764,700
1881...	1,740,970	52,229,100	1,551,299	46,538,970
Vins en bouteilles				
	centaines		centaines	
1877...	8,248	1,649,600	1,747	349.400
1878...	11,776	2.355,200	2,628	525.600
1879...	13,467	2,962,740	3,678	809,160
1880...	16,711	3,676,420	5,596	1,231,120
1881...	17,801	3,894,600	»	»

L'exportation totale, jusqu'en 1878, ne dépassait pas une moyenne de 18 millions de francs; puis, brusquement, elle s'est élevée à 69 millions de francs au moment où la France a dû demander à l'étranger les vins nécessaires pour combler le déficit de sa récolte atteinte par le phylloxera. Notre importation des vins d'Italie, qui était en moyenne de 5 millions de francs, a atteint en 1880 le chiffre imposant de 55 millions de francs.

En 1881, l'exportation a fléchi : cette année accuse sur la précédente une diminution assez importante.

Tous les bureaux de douane, à l'exception de deux — ceux de Castellamare et de Pizzo — ont concouru à ce fâcheux résultat.

Dans les provinces napolitaines et en Sicile, les plus importantes au point de vue des envois à l'étranger, la diminution accusée en 1881 est d'environ 13 0/0 de l'exportation totale.

Les provinces du centre comptent peu en ce qui concerne le commerce de l'exportation ; la diminution y a été de 4,000 hectolitres, soit de 37 0/0.

La Toscane, représentée par la seule douane de Liorna, accuse une sortie de 5,626 hectolitres en 1881, contre 8,478 en 1880 ; différence en moins 2,852 hectolitres. Il est juste de remarquer que les vins toscans, destinés à l'exportation, ne sont pas tous sortis par ce port.

Les provinces du Nord, qui comprennent le Piémont, la Lombardie, la Vénétie et l'Émilie, accusent une baisse correspondant à 31 0/0, et portant surtout sur les douanes de Turin et de Genève.

Par contre, et c'est une bien petite compensation, l'exportation des vins en bouteilles augmente de 1,090 centaines de bouteilles.

Toutefois, si désastreux que soit le résultat de l'année 1881, comparé à celui de l'année précédente, l'exportation baissera encore très sensiblement en 1882. Ainsi l'importation en France avait été, dans les quatre premiers mois de 1880, de 657,708 hectolitres ; de 797,015 hectolitres pendant la même période en 1881, et seulement de 327,735 hectolitres en 1882.

C'est que la récolte de 1881 a été mauvaise au point de vue *quantitatif* : elle n'a été que de 50 0/0 d'une année ordinaire dans la Péninsule ; tandis que la Sicile a été encore plus maltraitée et qu'elle n'a donné qu'un tiers du rendement de 1880, qui était cependant au-dessous de la moyenne.

Dans ces conditions, les prix se sont élevés outre mesure et notre commerce d'exportation a dû diriger ses achats vers d'autres centres producteurs, dans lesquels la marchandise était tenue à des prix plus abordables.

Ajoutons que notre récolte en France a été, en 1881, supérieure à la précédente et que nous avons moins demandé aux vins exotiques. Il est certain que si nos vignes donnent, non pas une belle récolte, mais simplement un rendement moyen, nous cesserons de recourir aux vins étrangers ; l'Italie verra alors ses exportations revenir à ce qu'elles étaient en 1877. Elle ne devait pas compter sur une situation anormale ; pas plus qu'elle ne devait bâtir des calculs et des espérances sur la crise aiguë que traversaient nos vignobles.

L'expérience des deux dernières années lui aura démontré que nous ne prendrons chez elle que des vins neutres, bien colorés, généreux et à bas prix. Elle devra produire à bon marché si elle veut nous vendre dans un moment de disette ; sans cela elle sera distancée par l'Espagne et le Portugal.

Le mouvement des exportations des vins italiens pour l'Angleterre et les possessions britanniques a été le suivant :

En 1880... 80,750 hectolitres d'une valeur de 2,588,780 f.
   1879... 78,428   —   —   2,111,090
   1878... 69,308   —   —   1,537,960

L'augmentation de 1878 à 1880 a été sensible — un sixième environ; mais, comme pour les exportations en France, l'année 1881 présente une situation bien moins brillante, surtout en ce qui concerne les envois en Angleterre : ces envois sont tombés, en 1881, à 542,196 gallons, tandis qu'ils avaient été, en 1880, de 567,043 gallons.

C'est que les vins italiens n'ont pas répondu à l'attente générale, et qu'ils n'ont pas encore les mérites qu'on avait d'abord cru leur trouver.

L'Angleterre importe peu de vins de la Toscane et de la province de Naples; mais en revanche les vins de Sicile, de Syracuse et surtout de Marsala y sont très goûtés; le Marsala marque jusqu'à 30° alcooliques.

Disons encore que l'exportation des vins en bouteilles se répartit comme suit pour 1880 et 1881 :

	Centaines en 1881	Centaines en 1880
Gênes	14,216	11,120
Turin	553	2,814
Vérone	245	348
Livourne	1,356	1,172
Vintimille	421	421
Naples	285	365
Autres	725	471
Total	17,801	16,711

Ce sont surtout les sorties par la douane de Gênes qui présentent une situation prospère. Ce résultat indique une augmentation dans les exportations du Vermouth de Turin.

IMPORTATION

Nous donnons, à simple titre de renseignement, un tableau présentant l'importation des vins en Italie, de 1877 à 1881 :

ANNÉES	TOTAL DE L'IMPORTATION		IMPORTATION DE FRANCE	
	quantités	valeur (francs)	quantités	valeur (francs)
Vins en fûts				
	hectolitres		hectolitres	
1877...	97,866	3,914,640	12,667	506,680
1878...	39,608	990,200	8,061	201,525
1879...	26,799	1,071,960	6,875	275,000
1880...	28,353	1,275,885	8,654	389,430
1881...	»	»	11,558	577,900
Vins en bouteilles				
	centaines		centaines	
1877...	3,238	874,260	2,866	773,820
1878...	3,207	865,890	2,893	781,110
1879...	3,181	890,680	2,739	766,920
1880...	3,318	995,400	2,900	870,000
1881...	»	»	3,548	1,064,400

ITALIE DU NORD

Le bassin du Pô, comprenant le Piémont, la Lombardie, Venise et l'Émilie, est par excellence

un pays agricole, entouré d'une admirable enceinte
de montagnes. Le sol, d'une fertilité extraordinaire,
se prête à tous les genres de culture, correspondant
à la diversité des terres et des climats, ainsi qu'à
ses divisions naturelles, la montagne, la colline et
la plaine. La campagne a un charme particulier
dans cette riche contrée de l'Europe.

Le climat de l'Italie du Nord est tempéré, mais
irrégulier et généralement moins doux qu'on ne le
croit. Le 45° de latitude, à égale distance du pôle
et de l'équateur, coupe et recoupe le cours du Pô.
Dans les hautes vallées, la température peut
s'élever à 32° et s'abaisser d'autant au-dessous du
point de glace; tandis que dans la région des lacs,
au bord de l'Adriatique et dans quelques plaines
privilégiées, le thermomètre ne descend jamais
au-dessous de zéro, grâce à l'action modératrice
des eaux, qui diminue les chaleurs en été et
prévient les froids en hiver. La température
moyenne à Turin, Milan et Venise est de 11 à 13°.

Outre la grande vallée du Pô, nous compren-
drons, dans l'Italie septentrionale, la Ligurie —
étroite bande de terre entre la mer et les monts
Apennins, — ainsi que les districts qui, au delà
du Mincio, s'élèvent par étages jusqu'aux grandes
Alpes.

Dans son ensemble, cette contrée, admirablement
féconde, se prête parfaitement à la plantation de
beaux et bons vignobles. Son climat modéré lui
permet de fournir des vins qui pourront peut-être
devenir, lorsqu'ils seront bien préparés, similaires

de ceux de France et même rivaliser avec eux : en ce moment le *barolo* piémontais est considéré en Allemagne et en Angleterre à l'égal de nos bons seconds crûs.

En général cependant, la vigne est mal entretenue et mal cultivée; on la laisse courir d'arbre en arbre, s'occupant moins d'elle que des autres produits qui croissent sur le même sol; les procédés de vinification sont, eux-mêmes, le plus souvent vicieux; aussi n'obtient-on, à part d'assez rares exceptions, qu'une liqueur très médiocre, manquant de saveur, de corps, de couleur et dont la conservation est très difficile.

Le vignoble de l'Italie du Nord couvre 713,863 hectares donnant 9,794,947 hectolitres de vin, soit une moyenne de 13 hectol. 7 à l'hectare.

L'importance des terrains vinifères indique quelle ressource l'agriculture pourrait trouver dans le développement de cette branche de ses produits. Elle a sous la main des marchés importants : d'une part, la population est très dense dans le bassin du Pô, elle consomme une partie des récoltes; d'autre part, les communications avec la France, la Suisse et l'Allemagne, assurées par des lignes de fer, sont faciles et de nature à donner de l'animation au trafic. Ce qui prouve, du reste, que les vins du nord de la Péninsule sont très demandés, ce sont les prix élevés qu'ils obtiennent, malgré leur qualité médiocre : à la suite de la récolte de 1881, cependant bonne en quantité, ils se sont vendus de 45 à 75 fr. l'hectolitre, — prix beaucoup trop élevé pour que notre commerce d'exportation ait pu opérer dans ces contrées.

Parmi les crûs justement renommés, il faut citer ceux des coteaux du Montferrat, dont le trafic s'opère à Casale; ceux d'Asti, qui représentent une spécialité vinicole: la patrie d'Alfieri ne se contente pas, en effet, d'exporter au loin son délicieux *vino spumante*, elle se livre encore à l'industrie du vinage avec un incomparable succès, et les faux *champagnes*, qui sortent par milliers d'hectolitres de ses vastes celliers, peuvent servir de consolation à ceux qui n'ont pas le produit original. On dit aussi que le *picolito* des environs d'Udine est à peine inférieur au Tokay. Trévise exporte en Allemagne des vins qui peuvent presque lutter avec nos bons vins de côtes.

En dehors de ces vins de choix, on trouve des vins ordinaires un peu partout : dans le Piémont, à Turin, Stendella, Sangliano, Chieri et Alexandrie; dans la Lombardie, à Stradella, Milan et surtout Crémone; dans l'Émilie, à Plaisance, Reggio et Bologne; cette dernière province fournit beaucoup de bons vins blancs.

Mais en général les vins de l'Italie du Nord sont légers, âpres, de conservation difficile. Les procédés de culture et l'art de la vinification ont besoin de progresser sensiblement, pour que cette partie de la Péninsule puisse espérer étendre son commerce d'exportation.

ITALIE CENTRALE

L'Italie centrale se compose de la Toscane, de la Marche, de l'Ombrie et du territoire romain. Cette très illustre contrée, à l'ouest des Apennins, offre des aspects différents, suivant qu'on se rapproche des montagnes ou des plages de la Méditerranée. Dans les parties hautes et moyennes, le paysage est charmant; il est au contraire monotone et sinistre dans la *Maremma,* où commence la région de la *Malaria,* qui se prolonge au delà de Rome jusque vers Terracine.

Le sol et le climat de l'Italie centrale se prêtent presque partout à la culture de la vigne; cependant celle-ci n'y occupe que 408,696 hectares, produisant 5,741,616 hectolitres de vin, soit une moyenne de 14 hectolitres à l'hectare.

C'est la Toscane qui donne le plus. Cette région privilégiée de l'Italie est l'un des pays les plus agréables de la terre; son climat essentiellement tempéré, doux, sans extrêmes, convient admirablement à la culture du raisin. La plantation de la vigne ne s'y fait pas comme en France; on y suit les mêmes errements que dans le Nord de la Péninsule; la vigne court d'arbre en arbre. Plusieurs essais de plantations sur pied avec des plants de la Gironde y ont été faits; mais, après quelques années, le raisin avait perdu ses qualités natives et donnait un produit semblable aux vins du pays. Même fait s'est passé en Espagne, dans la Rioja. La seule chose qu'on ait pu constater dans ces expériences, c'est que la plantation sur pied est préférable à la plantation italienne.

La vinification laisse beaucoup à désirer en Toscane. On laisse fermenter le moût de six à trente jours, puis on soutire dans de grands tonneaux. Après un mois de repos, on donne *il governo*, qui se fait à chaud ou à froid : à chaud il consiste à faire bouillir du raisin à moitié sec dans le vin, que l'on verse alors dans le tonneau dans la proportion de 8 kilogr. par 100 litres; à froid, on écrase le raisin à moitié sec et on le mélange au vin. On mèche et on vine, pour prévenir les altérations du liquide. Rien à dire à cela ; mais le plus fâcheux c'est qu'on ajoute des essences pour donner du bouquet ; que quelques marchands ne se font pas scrupule de mettre de l'eau et de l'alun dans le vin, ni de le colorer avec de la mûre sauvage, des baies appelées *amarante*, et même avec de la fuchsine. Ce sont là des procédés coupables auxquels on sera forcé de renoncer.

Les vins toscans ont une richesse alcoolique de 11 à 14°.

Les premiers crûs sont :

Montepulciano, Chianti, Pomino, Montalcino, Carmignano, Artiminio, Castel-Franco, Passignano, La Rufina, Lari, Gogole, Sonnino, Renaggio.

Les deuxièmes crûs sont les vins de :

Impruneta, Romola, Cassignano, San Donato, Castel-Fiorentino, Montissoni, San Cassiano.

Les principaux troisièmes crûs sont les vins de :

Poggi à Cajano, Scandici, Prato, Cassellina a Torre, Ponte a Greve, Piano di Pisa, Signa, Empoli, San Romano, Figline, Incisa, Arezzo.

Les bons crûs mûrissent vite et sont buvables après six mois ou un an. Ils sont moins indigestes que les vins du Piémont ou de l'Italie méridionale, du moins les Toscans le prétendent. Ils perdent leurs qualités assez vite. Le Carmignano est fait en huit mois; après un an, il se décompose. Le Pomino, le Chianti et le Montepulciano résistent un peu plus. Après deux ans, ils sont à leur apogée, mais, à trois ans, ils tournent à l'acide.

Le prix de l'hectolitre est, pour les premiers crûs, de 40 à 80 francs; de 35 à 65 francs pour les deuxièmes crûs; de 20 à 40 fr. pour les troisièmes.

Les vins toscans concourent surtout à alimenter la consommation de la Péninsule ; on en exporte cependant quelque peu dans l'Amérique du Sud, en Autriche et en Allemagne. Marseille reçoit quelques seconds crûs qui sont destinés à des coupages.

Outre les vins toscans, l'Italie centrale possède quelques crûs appréciés. Nous citerons entre autres les vignobles de Ceccano, au sud de Velletri, à la frontière de la riche terre de Labour, qui produisent un vin blanc de table fort goûté à Rome et qui serait excellent s'il était mieux fabriqué.

ITALIE MÉRIDIONALE

Les provinces Napolitaines, développant leur litoral échancré sur plus de 1600 kilomètres, ont leur vie commerciale concentrée au bord de la mer. Les régions de l'intérieur, dépourvues de routes et de chemins de fer, exploitées par des procédés barbares, et d'ailleurs incultes dans une grande partie de leur étendue, ne livrent au mouvement des échanges qu'une faible quantité de produits.

L'Italie du Sud est cependant exceptionnellement favorisée par la fertilité de son sol et l'excellence de son climat, surtout le versant occidental qui regarde la mer Tyrrhénienne. Le thermomètre, à Naples, dans les jours les moins chauds, descend à peine à la température moyenne annuelle de Paris. Cet admirable pays, plus instruit, mieux cultivé, pourrait se transformer en un véritable grenier d'abondance, si l'agriculture y était développée comme dans certaines de ses parties, la Campanie et les environs de Naples, par exemple. Presque partout, la terre y est propre à la culture de la vigne, et rien ne s'oppose à ce qu'elle produise des quantités de vins agréables, propres à l'exportation.

Actuellement, cette contrée compte seulement 511,810 hectares de vignes, produisant 7,202,780 hectolitres de vin, soit une moyenne de 14 hecto-litres à l'hectare.

Sans parler des vins exquis que l'on récolte sur les scories du Vésuve et qui ont toujours joui de la plus grande célébrité; sans examiner si le Falerne d'Horace, recueilli dans les champs Phlégréens, sur les pentes du Monte Barbaro, est supérieur au Lacryma-Christi du Vésuve et au vin blanc de Capri; sans discuter les mérites des vins du massif calcaire de Massico, dans la riche terre de Labour, ni ceux des vins d'Ottajano, la ville d'Octave, située sur les premières pentes de la Somma Vésuvienne, nous nous occuperons des seuls produits qui intéressent le grand commerce d'exportation, celui dont la mission est d'alimenter la grosse consommation en France et à l'étranger.

Les vins fins n'ont jamais qu'une importance relative, forcément limitée à la clientèle qui les consomme. Ce qui donne de l'animation aux transactions, ce sont les articles consommés par les masses. De même qu'un impôt qui ne frappe que le luxe est à peu près improductif, de même toute denrée qui n'est consommée que par les classes privilégiées ne donne lieu qu'à un faible courant d'affaires, égal, constant et sans grand intérêt.

Les vins napolitains fournissent les 2/5 des vins exportés d'Italie; mais si l'on considère que le Piémont et la Lombardie exportent principalement en Suisse et en Allemagne, on estimera que la France s'approvisionne presque exclusivement au sud de la Péninsule et en Sicile. C'est là qu'elle trouve des vins neutres, sans plâtre, agréablement acides, bien colorés, d'une bonne richesse alcoolique, très propres pour les coupages.

C'est surtout à Naples et à Barletta que sont nos centres d'achat. Naples, sur la mer Tyrrhénienne, est l'entrepôt où aboutissent les vins de la riche et belle Campanie, ainsi que ceux de la « Campagne Heureuse », qui s'étend vers le nord-ouest, entre le Vésuve et le mont Vergine ; c'est à Naples que Palma et Sarno, lieux d'échange entre la montagne et la plaine, envoient leurs produits en céréales, fruits, légumes et vins. La gracieuse Barletta, sur l'Adriatique, au sud de marais qui rendent la côte du golfe Manfredonia inabordable, est le port d'attache du grand marché de Foggia, où convergent quatre lignes de chemins de fer et plusieurs routes maîtresses. Elle exporte des quantités importantes de vins excellents qui ont conquis une très bonne réputation sur nos marchés.

Brindisi, plus au sud, qui fut et qui est encore une des grandes étapes de passage entre l'Europe occidentale et l'Orient, envoie à l'étranger de bons vins ordinaires.

Tarente, Cotrone, Catanzaro (Squillace), Reggio sont aussi des centres d'approvisionnement. De ces trois derniers ports, s'expédient les vins des Calabres.

Mais tous les vins de l'Italie méridionale, ceux des environs de Naples, de Barletta et de Brindisi, aussi bien que ceux des Calabres, sont le plus souvent, étant donnée leur qualité, d'un prix beaucoup trop élevé pour l'exportation. Ainsi, après la récolte de 1881, ces vins se vendaient de 35 à 50 francs l'hectolitre, nus, à quai d'embarquement. Ceux qui avaient de la couleur, du corps et de la tenue — ce sont les seuls recherchés par le commerce extérieur, — ne se livraient pas au-dessous de 45 francs.

L'ennemi de la vigne dans ces contrées est le vent africain, qui parfois souffle avec persistance, sèche, brûie et détruit une partie de la récolte.

SICILE ET SARDAIGNE

La Sicile occupe une position heureuse, au centre même de la Méditerranée, entre les deux grands bassins de la mer Tyrrhénienne et de la mer Orientale ; elle commande toutes les routes commerciales entre l'Atlantique et l'Orient.

Cette île heureuse, avec une population de près de trois millions d'habitants, condensée sur un territoire aussi restreint qu'il est prodigieusement fécond, doit nécessairement atteindre, par la paix, la liberté et le travail, à un degré de prospérité tout à fait exceptionnel.

« La Sicile a, comme la Grèce, le climat le plus heureux. Les hautes températures de l'été sont adoucies par les brises marines qui soufflent régulièrement pendant les heures les plus chaudes de la journée. Les froids de l'hiver ne sont sensibles que par suite du manque absolu de confort dans les maisons, car les gelées sont inconnues, et bien rarement la neige tombe sur les pentes inférieures des montagnes. Les pluies d'automne sont fort abondantes, mais elles alternent souvent avec les beaux jours de soleil et n'ont pas le temps de refroidir complétement l'atmosphère. Les vents dominants, qui soufflent du Nord et de l'Ouest, sont très salubres; par contre, le sirocco, provenant généralement du Sud-Est, est redouté comme un vent de mort, surtout quand il arrive sur la côte septentrionale, où il a perdu presque toute son humidité. Il dure d'ordinaire trois ou quatre jours, pendant lesquels on se garderait bien de coller le vin, de saler la viande, ou de peindre les appartements ou les meubles. Ce vent est le principal désagrément du climat. »

Facilitée par les conditions de température et d'humidité, la culture de la vigne est très développée en Sicile; elle y occupe 211,454 hectares de terrain, produisant 4,246,363 hectolitres de vin, soit environ 20 hectolitres à l'hectare.

Cette île occupe l'un des premiers rangs parmi les contrées viticoles de l'Europe; elle est la province italienne dans laquelle la viticulture a fait le plus de progrès et dans laquelle elle semble présenter le plus de chance d'avenir. L'extension de la culture de la vigne date de la suppression de la mainmorte, qui permit aux cultivateurs de louer les terres les mieux appropriées à cette culture. Il

est très rare qu'en Sicile on marie la vigne à
d'autres arbres, comme cela se pratique dans le
Nord et le Centre de l'Italie. L'usage général est
de tenir, au contraire, les ceps assez bas, à la
distance les uns des autres d'un mètre à un mètre
et demi, dans tous les sens, tantôt avec tuteur et
tantôt sans tuteur. Les Siciliens apportent le plus
grand soin à l'entretien de leurs vignes, dont la
culture, dirigée en grande partie par des étrangers,
est beaucoup mieux entendue dans l'Ile que sur
la Péninsule voisine.

Les types des vins de Sicile sont très variés.
Marsala, Syracuse, Alcamo, Milazzo, exportent en
quantité des vins justement vantés pour leur
excellence; les pentes méridionales et occidentales
de l'Etna, de Catane à Bronte, produisent aussi des
vins auxquels la chaleur du sol donne un feu
extraordinaire; seulement, il faut que les cultivateurs aient soin d'élever entre les ceps de vigne
des buttes de terre qui gardent dans leurs interstices
l'humidité des pluies et la rendent ensuite aux
racines durant les sécheresses.

Les principaux centres de production sont,
autour de Messine : Faro, Milazzo, Vittoria,
Scoglietti, Pachino, Riposto. Ces vins peuvent
s'acheter franco bord à Messine.

A Catane, les Français, les Génois et même
les Napolitains exportent beaucoup de vins d'un
rouge vif, riches en tannin et en alcool. Les
viticulteurs de ces contrées semblent disposés à
abandonner la pratique du plâtrage. Les environs

de Catane produisent les meilleurs vins ordinaires de la Sicile.

A Syracuse, les vignerons font des plantations sur une immense échelle; le vignoble s'étend d'enthousiasme. On y récolte une quantité prodigieuse de vins *muscats,* qui occupent le premier rang parmi tous ceux de cette espèce.

De Marsala, on expédie les vins du pays, si appréciés dans la Grande-Bretagne et en France. Ils ont, par leur goût, leur nerf, leur parfum et leur sève agréable, beaucoup de ressemblance avec ceux de Madère.

Palerme fournit aussi son contingent à l'exportation.

Les iles de Lipari donnent un vin riche en sucre, qu'on prépare avec beaucoup de soin. Le plus estimé est le *malvoisie.* Il provient de plants tirés de la Morée; il a une couleur ambrée et un parfum délicieux.

L'Angleterre et l'Europe non italienne sont les principaux acheteurs des vins de Sicile ainsi que de tous ses autres produits agricoles.

On sait que les progrès apportés à la fabrication du vin sicilien lui permettent aujourd'hui de subir sans dommage le transport par mer, auquel la nature de ce produit répugnait autrefois. Aussi le sérieux développement constaté dans le mouvement d'exportation se continuera certainement si la Sicile peut produire au-dessous des prix pratiqués au cours de la dernière campagne. Ses vins, nous parlons des vins ordinaires, n'abor-

deront nos marchés avec succès qu'à la condition
d'y être vendus à bon marché.

La Sardaigne se présente avec 24,186 hectares
de terrains plantés en vigne et produisant 450,827
hectolitres. Les transactions avec cette île sont peu
développées à cause de la difficulté des transports.
Cagliari a cependant, en ce moment, deux tronçons
de chemins de fer qui pourraient amener un
certain mouvement dans l'exportation des vins,
dont la récolte est quelquefois d'une extrême
abondance. Pour cela, il faudrait que la culture de
la vigne et l'œnologie fissent de grands progrès
dans l'île.

La Sardaigne fournit aussi beaucoup de raisins
secs, dont on fait quelques expéditions importantes
à l'étranger.

En somme, l'Italie, dans toutes ses régions, est
propre à la culture de la vigne et celle-ci s'étend
d'un bout à l'autre du royaume; elle occupe le
second rang parmi les contrées viticoles. Cette
culture est presque aussi étendue qu'en France:
1,870,109 hectares, contre 2,069,923 hectares.
Malgré cela, la production moyenne est à peine
d'environ 60 0/0 de la nôtre; cela tient à ce que
les plantations ne sont pas conduites par des
procédés identiques. Mais lorsque la Péninsule
verra que son intérêt bien entendu lui commande
de développer cette partie de l'agriculture, elle
aura vite comblé la distance qui nous sépare; car

en France la vigne ne peut pas s'étendre sur toutes les parties du territoire.

La consommation du vin se propage et augmente sans cesse en raison directe du bien-être et des facilités de communication. Les pays producteurs ont là une source de richesse qu'ils doivent s'appliquer à ménager et à développer; pour cela il est nécessaire qu'ils arrivent, tout d'abord, à produire des vins délicats, agréables, neutres, bien colorés, faciles à conserver et capables de supporter de longs voyages. L'Italie a bien des progrès à faire dans ce sens, et elle les fera, parce qu'elle se rend un compte exact de la situation.

LES VINS EN AUTRICHE-HONGRIE

CULTURE

La monarchie austro-hongroise est divisée en deux parties bien distinctes, administrées séparément : les Provinces Autrichiennes et la Hongrie. Les habitants de cette partie de l'Europe présentent une diversité remarquable de race, de langage, de religion et de mœurs.

La nature du sol, les végétaux qui le couvrent, y varient, comme le climat, suivant les latitudes et l'élévation des localités : dans le Tyrol du sud et dans les provinces baignées par la mer Adriatique, on cultive les plantes tropicales, la vigne, des fruits excellents, l'orange, le citron et l'olive ; tandis que dans le Tyrol du nord, la Carinthie, Salzbourg et la Galicie, l'air est âpre et la terre peu fertile. Dans les riches plaines basses de Vienne et de Hongrie on jouit d'un climat tempéré.

Bien que la bière soit la boisson la plus généralement adoptée, le vin est une des plus importantes productions de l'Autriche-Hongrie ; la vigne y est

cultivée dans toutes les provinces autres que
Salzbourg, la Silésie et la Galicie. Elle fournit des
vins dont quelques-uns méritent d'être estimés;
mais la plupart sont verts, secs et peu généreux.
Cependant les producteurs habitués à les boire tels,
les préfèrent à tous autres, et considèrent leur
piquant, qui approche beaucoup de l'acidité,
comme le signe caractéristique de leur qualité.

La production moyenne est évaluée à environ
20 millions d'hectolitres, représentant une valeur
de 550 millions de francs. Nous avons adopté ces
évaluations, que nous trouvons reproduites dans
plusieurs documents statistiques, bien qu'elles nous
semblent un peu forcées. D'après nous, la moyenne
de 20 millions d'hectolitres ne peut s'appliquer
qu'aux bonnes années. Cette moyenne représente
plus de 31 hectolitres à l'hectare, ce qui est réellement trop élevé.

L'Autriche-Hongrie compte 632,441 hectares de
vignes, dont le rendement moyen, en tenant compte
des accidents climatériques très fréquents dans
cette contrée, ne doit pas dépasser 22 hectolitres à
l'hectare, soit une production moyenne d'environ
14 millions d'hectolitres de vin. Ce chiffre nous
semble se rapprocher davantage de la vérité, et
être plus en rapport avec ce qu'on obtient ailleurs
dans des conditions similaires de sol et de
climat.

Nous en trouvons la preuve dans le tableau qui
suit, et qui indique par province : 1º le nombre
d'hectares plantés en vigne; 2º les quantités

récoltées en 1878, qui a été une année de récolte abondante; 3° la moyenne de la récolte par hectare.

PROVINCES	NOMBRE d'hectares plantés en vignes en 1878	QUANTITÉS récoltées en 1878 (hectolitres)	MOYENNE de la récolte à l'hectare
Basse-Autriche............	40,620	2,832,096	56
Styrie....................	32,669	772,156	22.1
Carinthie................	54	400	13.7
Carniole............	10,158	427,860	38.6
Goritz et Gradisca........	9,568	94,415	9.1
Istrie....................	16,315	222,194	14.3
Territoire de Trieste.......	1,027	15,580	15.6
Tyrol du Nord	276	30,620	115.5
Tyrol du Sud	12,541	214,060	15.7
Vorarlberg...............	249	5,902	22.8
Bohême	565	11,805	15.8
Moravie	15,289	392,585	20.6
Bukowine	56	410	7.3
Dalmatie	67,738	1,710,800	24.4
Pays représentés au Reichsrath ..	207,125	6,730,883	32 5
Hongrie..................	360,266	11,000,000	30.5
Croatie, Slavonie..........	65,050	1,400,000	21.5
TOTAUX.....	632,441	19,130,883	30.2

L'Autriche-Hongrie compte 35,795,000 habitants; la récolte moyenne par tête égale donc 55 litres, ce qui est peu, même pour parer aux besoins de la consommation intérieure. Avec une si faible production, un État est difficilement exportateur, au moins en ce qui concerne les vins de grande consommation : la rareté de la marchandise lui maintient un prix trop élevé qui ne lui permet plus d'aborder les marchés vinicoles dans des conditions suffisantes de bon marché.

En Istrie et en Dalmatie, la culture de la vigne diminue d'année en année par suite du découragement qui s'est emparé des vignerons après une série de mauvaises récoltes. En Bohême, par contre, on tend à rendre la terre de plus en plus propre à la viticulture; mais il y a beaucoup à faire dans ce sens avant que cette province puisse compter au rang de celles qui produisent. En outre Goritz, Gradisca, l'Istrie et le Tyrol méridional sont depuis quatre années éprouvés par l'oïdium.

Le rendement de la vigne parait soumis aux mêmes influences dans les deux parties de l'empire : les floraisons trop précoces, les gelées et les pluies persistantes au moment des vendanges, y sont également redoutables. Ainsi, sur douze années, de 1870 à 1881, deux années seulement ont été abondantes, ce sont les années 1878 et 1879. La moyenne de l'ensemble n'a guère dépassé une demi-récolte.

Voici comment ces douze récoltes peuvent se classer sous le rapport *quantitatif* :

```
Deux abondantes.....................  1878 et 1879
Une 3/4...........................................  1875
Sept 1/2... 1870, 1871, 1873, 1876, 1877, 1880 et 1881
Deux 1/3........................... 1872 et 1874
```

Sous le rapport *qualitatif* :

```
Une seule excellente ......................... 1874
Une autre presque aussi bonne............... 1875
Deux bonnes....................... 1872 et 1880
Deux bonnes moyennes............... 1873 et 1879
Une moyenne .............. ............... 1878
Cinq inférieures..... 1870, 1871, 1876, 1877 et 1881
```

EXPORTATION

A la suite des belles récoltes de 1878 et 1879, le commerce d'exportation se développa sensiblement, parce qu'à la même époque le rendement de nos vignes était fortement atteint par le phylloxera. Il fut exporté environ 2 millions d'hectolitres de vin; 450,000 hectolitres vinrent en France. Mais après les vendanges peu abondantes de 1880 et 1881, les prix s'élevèrent et nos négociants durent sinon abandonner au moins sensiblement limiter leurs achats dans cette contrée. En ce moment, notre importation des vins de l'Autriche-Hongrie est à peu près nulle. Du reste, ce n'est que tout à fait accidentellement que notre commerce avec cette contrée a pris une certaine activité; les 2/3 des échanges de cette nation se font avec l'Allemagne; elle a aussi un débouché important en Suisse et en Turquie. Sa situation entre l'Europe occidentale et l'Orient l'appelle à un grand avenir commercial, maintenant surtout que son réseau ferré est développé et qu'il permet les communications faciles et économiques. L'Autriche-Hongrie a déjà retiré de grands avantages de cette situation, puisque son commerce d'exportation a augmenté de 150 0/0 depuis 1866, et qu'il est arrivé à dépasser le commerce d'importation, bien que celui-ci ait aussi suivi une marche rapidement ascendante.

PROVINCES AUTRICHIENNES

Le champ d'action est très limité pour les acheteurs dans les provinces autrichiennes : il n'y a que l'Istrie, la Carniole, la Croatie et la Dalmatie qui puissent alimenter le commerce d'exportation, d'abord en raison de leur voisinage de la mer, et, ensuite, à cause de la quantité relativement importante de vin qu'elles récoltent. Des ports de Trieste et de Fiume, placés à portée de vignobles qui fournissent environ 3 millions d'hectolitres de vin, on peut, dans les bonnes années, grouper quelques envois et leur faire aborder nos marchés avec chance d'y trouver un placement facile.

Ies vins de ces contrées, lorsqu'ils sont fabriqués avec soin, ont un ensemble de qualités solides qui les ferait rechercher si le prix n'en était pas trop élevé. Ils sont généralement fins, droits de goût, riches en alcool et en tannin, agréablement colorés ; ils se rapprochent, par leur composition chimique, de nos bons vins de côtes. Ils n'ont rien de cette âcreté douceâtre des vins d'Espagne ; ils sont fabriqués sans plâtre, et leur fraîcheur est souvent supérieure à celle des vins du Portugal. Mais pour que ces provinces aient des chances de trouver un débouché sérieux en France, lorsque la pénurie de nos récoltes nous obligera à recourir aux vins exotiques, il faut qu'elles s'appliquent à produire des vins neutres et à bon marché, sans quoi les frais énormes de transport, fûts vides et pleins, augmenteraient le prix de la marchandise dans des proportions telles, qu'elle ne pourrait plus aborder utilement nos marchés de Bordeaux, de Cette et de Bercy.

Il est à peine besoin de parler des autres provinces autrichiennes qui ne produisent pas assez pour leur consommation, et dont le commerce d'exportation est forcément nul.

Cependant la Basse-Autriche récolte près de trois millions d'hectolitres de vin ; mais cette quantité ne dépasse pas les besoins d'une contrée riche, peuplée, dans laquelle l'aisance et le bien-être sont très développés. Du reste les vendanges n'y sont pas toujours belles. Les plaines y sont basses, elles dépassent à peine le niveau de la mer, et elles sont par suite exposées à des gelées printanières qui détruisent souvent une partie de la récolte.

Dans les bonnes années, le rendement de la vigne atteint 60 hectolitres par hectare dans ce beau et fertile pays. Les crûs les plus renommés sont ceux de Klostanenburg, Grinzig, Mauerbach, Bisamberg, Feldzberg et Roetz.

HONGRIE

Situé sous un ciel clément, — l'élévation moyenne du thermomètre varie, selon la latitude, de 6° 25 à

14° centigrades, — protégé contre les vents du Nord
par les monts Karpathes, ouvert au vent du Sud et
sillonné par plus de six cents cours d'eau, ce pays
a été de tout temps un véritable grenier d'abondance pour l'Autriche et les contrées avoisinantes.

L'agriculture y joue un rôle très important et le
sol y est admirablement apte à produire la vigne.

En y comprenant la Croatie et la Slavonie, la
Hongrie a 425,316 hectares de terrain vitifère,
produisant par an une moyenne de 10 à 12 millions
d'hectolitres de vin, qui représentent une valeur
d'environ 400 millions de francs.

Depuis vingt ans les terrains qu'on affecte à la
viticulture n'ont cessé d'augmenter. Autour de la
capitale, notamment au sud de Buda-Pest, la culture
est très intense et s'étend au delà du Danube sous
forme de zones dans les Karpathes septentrionales.

« En général, la vendange se fait du commencement d'octobre à la fin de novembre. A Buda-Pest
et en Transylvanie, le raisin est écrasé à pied
d'hommes, mais ailleurs il est foulé sous le pilon
ou passé au moulin. Dans quelques localités il est
pressé dans des sacs. Les vendanges sont toujours
accompagnées de fêtes et de danses (czardas), au
son de la musique favorite des fils d'Arpad, celle
des Tziganes. On prépare le vin dans des ustensiles
de bois, fabriqués pour la plupart dans la maison
même du vigneron; aussi les personnes exclusivement occupées à l'industrie de la tonnellerie sont-
elles peu nombreuses; outre les ustensiles qui sont
excellents, les caves sont merveilleuses et contri-

buent beaucoup à la bonne qualité du vin à raison de la nature du sol dans lequel elles sont creusées, le rhyolith et la molasse. D'autres sont taillées dans un calcaire friable ou dans une argile aussi facile à tailler que du savon, et qui a ensuite la dureté de la pierre.

» Bien que les procédés de manipulation des vins ne soient pas encore arrivés à un grand degré de perfection, ils sont néanmoins en bonne voie d'amélioration. Cependant un certain nombre de vignerons n'ont pas encore adopté le système de fermentation à vases clos, et négligent de soutirer le vin à temps. »

Le sol est très peu divisé en Hongrie. On n'y compte que 12,563 propriétaires de vignes. Ce système des grandes propriétés est loin d'être favorable au développement des richesses de l'agriculture, ainsi que nous l'avons déjà vu en Portugal, dans la province d'Alemtejo. On a fait une remarque curieuse à ce sujet, aussi bien en Italie qu'en Hongrie : c'est qu'à mesure que la propriété se divise le brigandage disparaît. Le paysan ne fuit plus son intérieur; il s'attache à la terre qui est à lui, il la soigne avec amour, et au besoin il sait la défendre contre toutes les attaques.

La Hongrie produit surtout des vins blancs; les vins rouges n'y représentent que 16 0/0 de la production, et les vins rosés 24 0/0.

Le prix moyen pour les douze dernières années a été, dans la Hongrie proprement dite, de 25 fr. l'hectolitre; en Transylvanie, de 24 francs; dans la

Croatie et l'Esclavonie, de **28** francs; à Fiume, où la production est faible, de **40** fr. Il s'agit, bien entendu, de vins ordinaires. Les vins rouges se vendent de **40** à **80** francs l'hectolitre, suivant les contrées, la couleur, la richesse alcoolique et le crû. Pendant le même laps de temps, le prix moyen des vins de liqueur a varié entre **170** et **240** francs; six fois ils ont atteint le chiffre énorme de **883** francs.

La plus grosse partie des vins de Hongrie est consommée sur place, sauf les vins de liqueur, qui sont connus et exportés dans le monde entier. Les principaux débouchés sont en Allemagne, en Suisse, en France et en Angleterre. Quelques maisons de Trieste ont aussi essayé de faire connaître les vins d'Autriche-Hongrie en Chine et dans les ports de l'Asie orientale.

« La récente invasion du phylloxera, jointe à d'autres maladies telles que celle dite de *koka*, ont éveillé l'attention des Hongrois; nul doute que leurs efforts n'arrivent à perfectionner davantage leur mode de culture de la vigne. Déjà, d'après les nouveaux plans d'étude, les enfants reçoivent dans les écoles primaires les notions élémentaires relatives à la culture des arbres à fruits et de la vigne (écussons, greffes, etc.). Quant aux connaissances spéciales, les jeunes Hongrois les acquièrent et les approfondissent dans des écoles préparatoires de viticulture, dont la plus prospère est celle de Buda-Pest. Un grand nombre de comitats et de corporations y envoient à leurs frais des jeunes gens du pays, qui deviennent en peu de temps d'excellents

vignerons, soit qu'ils cultivent pour leur propre
compte, soit qu'ils entrent comme maîtres de caves
ou de chais au service d'un riche viticulteur ou
d'une des sociétés vinicoles, comme il en existe
plusieurs en Hongrie. L'influence de celles-ci est
fort salutaire; il y en a qui achètent des récoltes
entières du vin de divers crûs et d'âges différents,
pour les traiter ensuite d'après les méthodes les
plus nouvelles. »

Parmi les mesures qui ont été prises depuis peu
pour réformer, améliorer et rendre plus uniformes
les procédés de culture de la vigne et la manipulation des vins, nous citerons : la nomination de
plusieurs professeurs de viticulture pratique, qui
ont pour tâche d'aller successivement donner leurs
cours dans différentes localités du pays; celle d'un
maître cellier, chargé de la direction des grandes
caves d'échantillons, établies à Buda-Pest; la réso-
lution prise de mettre l'École centrale d'agriculture
et de viticulture sous la direction de l'État; enfin
la création d'une intéressante publication, éditée
par le Ministère royal de l'agriculture et présentant
le relevé détaillé des quantités de vins disponibles
pour la vente dans les caves de Hongrie. Le relevé
dont nous parlons donne également la qualité des
vins, le nom des producteurs, leur domicile, ainsi
que la poste et la station la plus proche, de chemin
de fer ou de bateau, de l'endroit où le vin est
encavé. Les indications de ce registre œnologique
et les échantillons qu'on trouvera à la Cave centrale
seront précieux pour les acheteurs, qui auront

ainsi, sans se déplacer, tous les renseignements nécessaires sur la quantité et la qualité des vins destinés à la vente. Un voyage chez le producteur n'aura dès lors d'autre utilité que celle de reconnaître et d'agréer le vin dont on se proposera de faire ou dont on aura fait l'acquisition.

Pour terminer cette étude rapide, disons quelques mots du Tokay, qui est le premier vin du monde ou tout au moins de la Hongrie. Il est entendu que chaque contrée vinicole, même l'Australie en ce moment, a au moins un crû qui est le premier du monde. Le vin liquoreux de Tokay se récolte dans la côte appelée Hegyalja, qui s'étend du sud au nord, sur une longueur de plus de 60 kilomètres, avec de nombreuses vallées transversales. Le sol est une argile d'une fertilité remarquable qui, remuée, présente un aspect rougeâtre. Le Tokay ne peut pas être préparé tous les ans, du moins en quantité importante, parce qu'il est nécessaire que les raisins se cristallisent, qu'ils soient secs, desséchés, libres de tout contenu d'eau, et pour cela il faut un mois d'octobre sec et chaud. Ce vin se divise en vin *aszu* (assou), en *maslas* et en *szamorodni,* présentant entre eux des différences qui proviennent des procédés mêmes de fabrication. « On prétend que ce sont des Italiens de l'île Formio, qui appartenait alors à Venise, qui apportèrent au xiiiᵉ siècle l'excellent raisin rouge appelé *bakator* (bouche d'or), d'où sortit plus tard le Tokay. Il eut bientôt une réputation universelle; en France, on alla jusqu'à le préférer au Champagne. Les plus grands personnages ont tenu à honneur de posséder des vignes à Tokay. La culture y est très soignée; l'hiver, le vigneron fume ses vignes, qu'il a précédemment binées avant de les tailler. Il renouvelle le binage et le sarclage quatre fois par an. Les vides sont comblés par le provignage. Rarement on a recours aux plants enracinés; on procède dans ce cas par ce qu'on appelle le *Kosarázas* ou plantation par paniers : le cep est planté dans un panier d'osier rempli d'une terre choisie, et l'on enfouit le tout dans le sol. Indépendamment du *fromenté,* les cépages préférés sont le *holyagos,* le *madurkas,* le *feher szolo,* le *malvoisie,* le *muscat de Lunel* et le *harslevelu.* Le prix du vin de Tokay varie suivant le crû, la manipulation, l'âge et une foule d'autres circonstances. Les Hongrois disent de lui *qu'il a la couleur et le prix de l'or. »*

La tendance générale qui se manifeste en Hongrie de procéder sans délai aux réformes économiques et agricoles, s'est aussi emparée de la viticulture, et il est certain que cette source si importante de la richesse nationale vaut la peine que se donnent les autorités compétentes et les particuliers de bonne volonté, afin de provoquer un mouvement de l'opinion dans le sens de l'amélioration des vignobles, de celle de la fabrication et de la manipulation des vins.

Le gouvernement agira sagement en secondant ce mouvement et en l'étendant même aux provinces autrichiennes, surtout à celles qui touchent à la mer Adriatique et à celles qui en sont voisines. Il y a là un élément de prospérité dont il est nécessaire de tenir grand compte, dans un État composé de peuples si différents de mœurs, de langue, de tendances et de foi politique, et qui ne sauraient être rattachés ensemble que par le bien-être et **un** intérêt commun considérable.

PRODUCTION VINICOLE DE LA GRÈCE

La Grèce comprend quatre régions : l'Hellade ou Grèce continentale, le Péloponèse ou Morée, les îles de l'Archipel, les îles Ioniennes. Sa superficie est de 65,229 kilomètres carrés; elle se place, comme étendue, entre le Portugal (89,625 kil. c.) et la Bulgarie (61,972 kil. c.).

La « terre des arts », la « mère d'idolâtrie » se relève lentement de ses ruines. En 1832, les Grecs et les Ioniens réunis étaient 950,000 au plus; ils sont en ce moment 2,067,775, y compris 388,000 habitant les parties de la Thessalie et de l'Épire acquises sur la Turquie par la convention du 24 mai 1881.

Le tableau présentant la division agricole du royaume indique que la moitié seulement du sol est susceptible de culture; 47 0/0 des terres cultivables restent en friche. En maints endroits le climat est devenu très insalubre à cause des eaux qu'on laisse séjourner en marais. La reconquête

du sol agricole s'opère avec lenteur, bien que la
statistique nous montre à peu près la moitié de
la population occupée aux travaux de la terre. Il
est juste de dire que, dans les plaines qui pouvaient
être rendues fertiles, une guerre terrible avait tout
dévasté; que « l'état de misère dans lequel les
paysans grecs se trouvaient réduits était tel, qu'en
1831 un tiers seulement possédaient une paire de
bœufs, plusieurs en possédaient en commun; quant
aux autres, ils étaient obligés de fouiller la terre
avec une hache; les canaux et les aqueducs avaient
été complètement détruits. »

En ce moment encore, malgré d'incontestables
progrès accomplis, les Grecs ne tirent de leur sol
qu'une quantité de produits insuffisante à leur
entretien; à plus forte raison ne peuvent-ils songer
à alimenter un commerce considérable d'exportation. Il est vrai qu'il est peu de contrées en Europe
dont le relief soit moins favorable à l'utilisation
des ressources agricoles et industrielles. La nature
du sol s'oppose partout à la construction de routes,
et la Grèce ne possède, à l'exception d'un petit
réseau industriel, qu'une ligne de fer, longue de
12 kilomètres, entre Athènes et le Pirée. Les routes
praticables aux voitures sont très rares; on en
compte à peine quelques-unes, et encore sont-elles
de peu d'étendue. Par contre, le pays se prête
merveilleusement au commerce par mer; le développement de ses côtes, ses îles et ses golfes invitent
à la navigation, et les Grecs seraient condamnés à
mourir de faim, leur agriculture étant ce qu'elle

est, si par leurs 5,437 navires marchands, toujours en mouvement, ils n'avaient accaparé presque tout le cabotage dans les eaux de la Méditerranée.

Tout le monde connaît la réputation du beau climat de la Grèce, dont la variété est cependant fort grande. « Le contraste des montagnes et des plaines, des régions forestières et des vallées arides, des côtes exposées au Nord et de celles qui sont tournées vers le Sud, produit dans les climats locaux de remarquables oppositions. Mais, sans tenir compte de ses diversités, on peut dire que dans son ensemble la Grèce présente, du Nord au Sud, une gamme de climats dont la richesse n'est égalée que dans un très petit nombre de régions terrestres. » Aussi, partout les terres susceptibles d'être cultivées se prêtent-elles admirablement au développement de la vigne, dont le produit — raisins et vins — entre pour 45 0/0 dans l'exportation totale de la Grèce; c'est la principale ressource du pays, celle qui devrait au plus haut point provoquer la sollicitude des intéressés.

Mais bien que le raisin soit cultivé dans presque toutes les provinces, la récolte moyenne n'est guère évaluée à plus d'un million d'hectolitres de vin; il est vrai que la vigne fournit aussi près de 200 millions de livres de raisins secs.

« La vinification avait été pendant longtemps fort négligée en Grèce; aussi ses vins étaient-ils seulement destinés à la consommation locale, et, pour les conserver, on les préparait avec de la résine recueillie sur les pins, procédé détestable,

mais qui remonte à une très haute antiquité, car
la légende et la statuaire nous ont toujours montré
le thyrse de Bacchus surmonté d'une pomme de
pin. Mais petit à petit les moyens de fabrication se
sont améliorés, et cet article a pu figurer honora-
blement pour la première fois sur le tableau de
l'exportation en 1858. » Aujourd'hui l'art de faire
le vin a atteint dans certaines parties de la Grèce
un degré de perfectionnement assez satisfaisant;
mais pour que cette industrie devienne pour le
pays une source sérieuse de revenu, il faut que
les vignerons — du moins en partie — veuillent
bien abandonner leurs procédés de fabrication par
trop primitifs, et suivre les conseils et les exemples
des industriels et des propriétaires, qui cherchent
à produire des vins capables de se présenter
avec assez d'avantage sur les marchés de l'Europe
occidentale.

L'importation totale de la Grèce représente une
valeur de 110 millions de francs; tandis que
l'exportation n'est que de 80 millions de francs.
Les boissons fermentées figurent dans les importations pour 4,767,300 francs et dans les exportations
pour 2,500,000 francs. L'Angleterre, la France et
la Turquie sont les principaux clients de la Grèce;
la première de ces nations est celle qui lui fournit
le plus.

Ce sont les raisins de Corinthe qui constituent le
principal article d'exportation; ils sont une source
de grand revenu pour le royaume. Pendant l'année
1877, la production de cet article a été évaluée à

175 millions de livres, provenant de la culture d'une superficie de 3,700 hectares. La superficie occupée par les vignes augmente chaque année, et comparativement à l'étendue occupée en 1867 (1,550 hectares) celle de 1877 présentait une augmentation de plus du double. En 1830, au lendemain de la guerre de l'Indépendance, cette culture n'occupait qu'un espace de 100 hectares en tout; en 47 ans, elle est devenue 37 fois plus grande.

La culture du raisin blanc, connu sous le nom de raisin de Smyrne ou razalia, a été introduite depuis peu d'années et a donné des résultats assez satisfaisants.

L'exportation du raisin de Corinthe rapporte annuellement à la Grèce de 35 à 40 millions de francs. Ces raisins s'expédient surtout de Patras et des îles Ioniennes; c'est là qu'est leur centre de production.

GRÈCE CONTINENTALE

La Grèce continentale produit peu de vin, à l'exception de l'Attique et de la Béotie. Les plaines de l'Attique surtout sont couvertes de vignes, et aucun climat au monde ne se prête plus à leur développement. D'après des observations exactes et suivies pendant une longue période, à l'Observatoire d'Athènes, la chaleur moyenne à Athènes est de 18°2; le minimum observé en 1850 a été de 10° et le maximum observé en 1848 de 44°6. Le mois le plus froid, celui de janvier, présente une chaleur moyenne de 8°, et le plus chaud, celui d'août, donne une chaleur moyenne de 28°2. Les variations diurnes de la chaleur sont aussi très régulières.

Ce qui contribue encore à donner à ce climat un caractère privilégié, c'est la régularité des saisons. L'hiver, qui est de courte durée, n'est ni trop humide, ni trop sec; le printemps est hâtif; l'été, très chaud et très sec; l'automne, sec et tempéré. « Mais ce qui caractérise surtout le climat d'Athènes et ce qui a frappé tous les voyageurs dans la plus grande partie de la Grèce, c'est que la clarté du ciel y est continue et permanente, même en plein hiver, et qu'il se passe bien rarement un jour sans que le soleil y brille, du moins quelques instants. »

Il est aisé de comprendre qu'avec cette température l'Attique peut devenir, si elle le veut, une contrée essentiellement vinicole. En ce moment on y récolte des vins rouges et blancs et aussi d'excellents vins de liqueur. Quelques vignobles, dont les raisins sont traités par des procédés français, donnent une liqueur ayant un arome et un bouquet remarquables. Les vins de cette province s'écoulent dans l'intérieur du royaume et dans quelques pays de l'Orient, notamment à Constantinople.

La grande île d'Eubée ou Nègrepont, se rattachant à la Béotie par un pont de 50 mètres, peut être considérée comme faisant partie de la Grèce continentale. Cette île produit des vins rouges et blancs, peu renommés, mais excellents pour les coupages. Notre commerce d'exportation pourrait y tenter quelques achats qui donneraient, croyons-nous, de bons résultats.

MORÉE OU PÉLOPONÈSE

Le Péloponèse est encoré soudé à l'Attique par l'isthme de Corinthe, qui n'a guère que 8 kilomètres de large; mais le percement de cet isthme est commencé et sous peu cette partie de la Grèce pourra prendre le nom d'île, que lui avaient déjà donné les anciens. Le détroit qu'on creuse sera la grande route de Marseille et de Trieste à Smyrne et à Constantinople, et cette partie de la Morée, actuellement déserte, reprendra un peu de la vie qu'elle eut autrefois.

Le sol du Péloponèse, secondé par un climat admirable, serait d'une très grande fertilité, s'il n'était, dans certaines parties, condamné à la stérilité, faute d'être arrosé. Les eaux de neige et de pluies disparaissent dans les veines intérieures de la terre, laissant le sol aride, desséché, « avide d'eau comme un crible ».

C'est cependant dans cette partie de la Grèce, en Achaïe, en Élide et en Arcadie, que la culture de la vigne est le plus répandue. Sans parler de la quantité considérable de raisins secs de Corinthe, expédiés en nature, on fabrique, avec ces mêmes raisins, des vins de dessert ayant un arome et un bouquet particuliers d'une extrême finesse. Des établissements importants se sont fondés à Patras pour l'exploitation de cette industrie, et, de perfectionnement en perfectionnement, on est arrivé à produire des vins remarquables, connus sous le nom de vins d'Acrocorinthe, dont la plus grande partie s'importe en Allemagne. Ces vins sont fabriqués et conservés avec soin, et ce n'est qu'après trois ans de cave qu'ils sont livrés à la consommation; on opère un peu comme pour le Porto-wine, dans les chais de Villa-Nova de Gaya, en Portugal. Les analyses qu'on a faites du vin d'Acrocorinthe ont permis de constater qu'il renfermait une quantité notable d'acide tannique, 0.104 pour 100.

Au Sud de la Laconie, se trouve la célèbre Malvoisie, aujourd'hui Monemvasia. Les vignobles qui produisaient le vin exquis dont le nom est maintenant appliqué à d'autres crûs, ont depuis longtemps cessé d'exister.

ILES DE L'ARCHIPEL

Au Nord, les Sporades produisent peu ou pas de vin; au Sud, les blanches Cyclades, que les anciens comparaient à une ronde d'Océanides dansant autour d'un dieu, donnent des vins dont quelques-uns sont exquis. La plupart de ces îlots sont dépourvus de verdure et de végétation; il y en a cependant, comme Naxos, qui se font remarquer par leur fécondité, la beauté de leurs sites et la qualité remarquable de leurs produits.

Les vins de l'île de Thira peuvent être regardés comme les plus exquis des vins grecs. Leur production annuelle est évaluée de 40 à 45,000 hectolitres. Les 4/5 de ces vins, soit rouges, soit blancs, sont légèrement acidulés et secs; l'autre cinquième se compose de vins doux, rouges ou blancs, connus sous le nom de *vino santo*. A Thira règne l'usage d'exposer les raisins au soleil, pour produire un vin plus doux, plus spiritueux et contenant plus de substances succulentes : c'est ainsi qu'on prépare tous les vins sucrés de cette île. Ces vins s'exportent en Angleterre, en Hollande et en Allemagne.

Les vins de Naxos étaient comparés par les anciens au « nectar des dieux »; ils sont encore fort bons.

Ceux de Milo sont agréablement aromatisés.

Enfin ceux de Santorin, recherchés par le commerce d'exportation, méritent d'être classés parmi les meilleurs des bords de la Méditerranée.

ILES IONIENNES

Corfou, placé comme un écran devant les plaines de la basse Épire; Paxo, un peu plus au Sud;

Saint-Maure, l'ancienne Leucade, très proche du continent; Theaki, la fameuse Ithaque; Céphalonie, la plus grande des îles Ioniennes; Zante, *fior del Levante,* disent les Italiens; enfin au Sud du cap Malée, Cérigo, la Cythère des anciens, dans la mer Ionienne.

La plus grande partie de ces îles constitue une chaîne de montagnes calcaires alternativement lavées par les pluies et brûlées par le soleil. Les vallons qu'on y cultive produisent en abondance des oranges, des citrons, des raisins de Corinthe, du vin et de l'huile, qui sont l'objet d'un commerce actif.

Les vins les plus recherchés sont ceux de Saint-Maure et de Corfou. Ces îles possèdent plusieurs établissements français se livrant à l'exportation sur une grande échelle. Les vins de Saint-Maure sont malheureusement trop souvent entachés d'une forte odeur de résine; rien n'est cependant plus facile à faire disparaître; il suffit, pour cela, d'employer de bons vaisseaux vinaires.

De tout temps, Corfou a été la plus importante des îles Ioniennes, grâce au voisinage de l'Italie et aux avantages commerciaux que lui procurent son excellent port et sa grande rade, pareille à un vaste lac. C'est elle qui produit le plus de vin. La vigne et les oliviers y cachent de leurs pampres et de leur feuillage les roches grisâtres des collines. Sa récolte moyenne est d'environ 200,000 hectolitres d'un vin rouge foncé, exempt de douceur en général, sans arrière-goût et d'une richesse alcoolique de

11 à 15°. Il s'est vendu, en 1881, au début de la campagne, à 20 francs l'hectolitre; mais à la suite de demandes nombreuses, ce prix a plus que doublé. La France prend un peu de ces vins; Venise et Trieste reçoivent le reste. Il faut pourtant ajouter qu'une partie de celui qu'on envoie à Trieste a été quelquefois, dans ces dernières années, acheté par des maisons françaises, qui comprendraient mieux leurs intérêts en opérant directement dans les pays de production.

Theaki, la fameuse Ithaque, est admirablement cultivée, et son port, appelé Bathy ou « le Profond », fait un assez grand trafic de raisins de Corinthe, d'huile et de vin.

Zante est celle des îles Ioniennes qui est la plus riche en vergers, en culture, en maisons de plaisance. Une grande plaine, comprise entre deux arêtes de collines d'une médiocre élévation, occupe le milieu de l' « île d'or » : c'est un vaste jardin entremêlé de vignes produisant d'excellents raisins de Corinthe.

La Grèce a malheureusement une dette écrasante dont il lui est tout à fait impossible de servir les intérêts. Les recettes du Trésor sont absorbées par les frais d'administration et de perception dans la proportion énorme de 50 0/0. Ce pays souffre d'un mal aigu : *le fonctionnarisme.* On compte un salarié de l'État par soixante habitants; les employés avec leurs familles forment la douzième partie de la population du royaume.

Avec un pareil système, on conçoit combien les populations rurales doivent être pressurées, et combien cultivateurs et vignerons ont peu de sécurité pour leurs biens.

Si la Grèce n'accroit rapidement ses ressources intérieures par le développement de l'agriculture et de l'industrie et la construction de chemins qui permettent le transport des produits, elle compromettra son relèvement et perdra son rang commercial, malgré l'activité louable de ses marins et les secours de ses riches et intelligentes colonies répandues un peu partout, surtout en Orient.

La culture de la vigne peut l'aider puissamment dans cette œuvre de relèvement; elle est actuellement sa principale ressource, mais elle peut être encore sensiblement développée.

VINS DE TURQUIE

CULTURE

L'Empire Ottoman, un des États les plus étendus du globe, se divise en Turquie d'Europe et en Turquie d'Asie. Il se compose de possessions immédiates que le Sultan gouverne dans sa souveraineté absolue, et de territoires qui, tout en reconnaissant sa suzeraineté ou en lui payant tribut, ont de fait une administration indépendante.

Il n'est pas de pays plus propre à la culture, plus merveilleusement fertile en produits agricoles de toutes sortes; mais en revanche il en est peu où l'agriculture soit dans un abandon plus déplorable. Plusieurs causes concourent à produire un résultat si fâcheux; la principale est tirée des agissements de l'administration du pays, de la mauvaise gestion de la fortune publique. Les fonctionnaires de l'ordre inférieur, qui n'émargent que des appointements dérisoires, se dédommagent sur les contribuables, et comme toutes les terres des mosquées, représentant environ le tiers de la superficie du territoire, sont exemptes d'impôts, les charges retombent lourdement sur les champs labourés par les malheureux chrétiens. Quelquefois, pour ne pas payer la dîme, les paysans laissent perdre leur récolte de raisins et de fruits. Il est vrai que le gouvernement a semblé vouloir s'occuper du dépérissement dans lequel se trouvait l'agriculture ; mais ses efforts, mal secondés, n'ont pas eu de résultat. S'il est vrai que l'agriculture donne la mesure des progrès d'une nation et de la sagesse de son gouvernement, la Turquie est bien arriérée et son gouvernement peu prévoyant. Il faudrait au cultivateur ottoman des connaissances pratiques, l'amour du travail, des capitaux, des routes praticables, un système d'impôt garantissant la sécurité et la liberté de ses produits, enfin la sécularisation des biens de mainmorte, — toutes choses que les circonstances actuelles ne lui permettront pas d'espérer de sitôt.

Le ciel clément de la Turquie, son air généralement sain, sa température douce et uniforme sur ses côtes baignées par quatre mers et toutes dentelées de golfes et de ports, ses belles vallées humides et tournées vers le Midi, aussi fertiles que les bords du Guadalquivir et les campagnes de la Lombardie, en font un pays essentiellement propre à la culture du raisin. Aussi les rares vignobles qui y sont cultivés avec intelligence donnent-ils des produits excellents. Si les vins turcs manquent en général des qualités qui distinguent les mêmes produits à l'étranger, cela ne tient certainement pas à ce que les vignes sont impuissantes à donner des raisins excellents. Cette infériorité a sa cause dans une fabrication défectueuse : le producteur, toujours gêné et inquiet, ne peut faire les sacrifices nécessaires, tant pour l'amélioration de la vigne et de son fruit, que pour la vinification par les procédés européens. Ajoutons que la défense de boire du vin, inscrite dans le Coran, contribue à resserrer la production de cette boisson, bien qu'on prétende que tous les Croyants n'observent pas strictement la loi religieuse sur ce point.

Les Turcs ne cultivent ordinairement la vigne que pour en manger le fruit et confectionner, avec le raisin, une sorte de jus appelé *pekmès*, qui sert à faire des confitures dans les ménages; on l'emploie en remplacement du sucre et du miel, et on en fait avec le sésame réduit en pâte, une sorte de *nougat* qu'on ne dédaignerait pas en Europe. Les Mahométans sont très friands du pekmès; ils en font une consommation considérable. L'excédent de la récolte des raisins est livré aux Grecs, aux Arméniens et aux Juifs qui, seuls, se livrent à la fabrication du vin.

La récolte de la Turquie peut être évaluée à 3 millions d'hectolitres. Or, comme la population est estimée à 35 millions d'habitants, parmi lesquels on compte environ 14 millions de Grecs, Arméniens, Catholiques et Juifs, cette production est loin d'être suffisante pour la consommation intérieure, si réduite qu'elle soit.

EXPORTATION

Le rendement de la vigne étant ce que nous avons dit, l'exportation est forcément limitée à quelques vins du littoral. Nous en avons reçu en France, dans la campagne de 1880-1881, quelques centaines de fûts provenant de la province d'Andrinople et des bords de la mer de Marmara. Puis est arrivée la récolte de 1881, qui a été mauvaise dans toute la Roumélie, et les envois à l'étranger sont devenus impossibles, en présence du prix élevé des vins.

Il est cependant certain que le mouvement des échanges tend à s'accroitre dans les ports turcs; que les Grecs, les Arméniens et les Francs de toute nation s'emparent de plus en plus du commerce de l'Empire; qu'ils créent ainsi des centres consommateurs importants, et qu'il faudra, dans ces conditions, que la culture de la vigne se répande très sensiblement avant que la Turquie puisse jouer un rôle quelconque dans l'exportation des vins. Actuellement la qualité de ce produit laisse trop à désirer et les prix en sont généralement trop élevés pour qu'il puisse intéresser nos acheteurs de vins exotiques, autrement que dans une année de d'sette frappant les grands centres producteurs.

TURQUIE D'EUROPE

La Turquie d'Europe appartient à la zone méridionale; elle est située sous la même latitude que l'Espagne et l'Italie; malgré cela, la température moyenne y est moins élevée que dans ces deux contrées. Suivant les années, le climat moyen diffère de la manière la plus étonnante : on a vu le Bosphore gelé de bord à bord. Mais le littoral de la Turquie Hellénique, — Thrace, Macédoine et Thessalie, — jouit d'un ciel clément, d'un air sain, d'une température généralement douce : il est baigné par les flots tièdes de la mer Égée. Les riches vallées, les belles plaines de cette contrée sont d'une fertilité admirable. La population des villages et des campagnes est presque exclusivement composée de Grecs, propriétaires du sol et adonnés à sa culture. Le maïs, ou « blé de Turquie », et toutes les céréales sont récoltées en abondance. Certaines vallées donnent le coton, le tabac, les drogues tinctoriales; le littoral et les iles fournissent du vin et de l'huile, dont il serait facile, avec quelques soins, de faire des produits exquis. Presque partout la main-d'œuvre est très bon marché; les populations sont sobres et consomment peu.

Les moines du célèbre mont Athos cultivent la vigne avec succès. Les procédés de fabrication sont moins primitifs en Macédoine que dans la plupart des autres contrées turques, parce que les étrangers — les Allemands surtout — y ont apporté l'art de préparer les vins et de les conserver en cuves, dans des caves bien exposées. Certains villages fabriquent des vins cuits excellents. Si bien que les Mahométans en boivent sans le moindre scrupule, disant à leur décharge qu'il n'est pas possible que le Créateur ait donné une liqueur aussi agréable pour qu'elle serve exclusivement au plaisir des chrétiens. Ils sont du reste persuadés — du moins ils le paraissent — que le Prophète en aurait ordonné l'usage, s'il avait pu la connaître.

Certains cantons de la Macédoine n'ont pas d'autre culture que celle de la vigne. Dans cette contrée, comme dans une grande partie de la Grèce, on mêle de la résine au vin, sous prétexte de le conserver. Ce produit, ainsi préparé, peut être stomachique; mais il est sûrement amer et fort désagréable aux palais qui n'y ont pas été accoutumés.

Entre Philippopoli (Roumélie orientale) et Andrinople (Thrace), se trouvent une succession de coteaux couverts de vignes. Les vins qu'on y récolte sont excellents; ils ont du corps, de la couleur, de la tenue et une très bonne richesse alcoolique. Ce produit, mieux fabriqué et vendu à des prix plus abordables, conviendrait parfaitement à notre grand commerce d'exportation.

Quand on descend les dernières pentes des monts Istrandja et qu'on se dirige vers la mer de Marmara, entre Rodosto et Constantinople, par un terrain légèrement incliné au Midi, on traverse une contrée admirablement disposée à se couvrir de riches vignobles. Une partie est déjà plantée. Les raisins qu'on y récolte s'écoulent presque tous sur les marchés de la capitale; le reste sert à fabriquer de bons vins qui ont fait, il y a deux ans, leur apparition en France. Un propriétaire, naturellement un étranger, y a introduit la culture des plants du Médoc et de l'Ermitage; le résultat qu'il a obtenu est très appréciable et de nature à provoquer de nouvelles expériences.

Ajoutons qu'une société anonyme s'est formée à Perpignan, au capital de 2,500,000 francs, dans le but d'acheter une immense propriété, près du port d'Héraclie, dans la mer de Marmara, à quelques heures de Constantinople, et d'y établir une grande exploitation agricole, visant surtout la culture de la vigne sur une vaste échelle. Cette entreprise, bien dirigée, pourra donner d'excellents résultats; mais non peut-être ceux qu'en attendent ses fondateurs. Il est certain qu'ils obtiendront dans cette contrée privilégiée des vins de bonne qualité, richement colorés, pouvant s'assimiler à nos vins du Roussillon, et qu'ils trouveront toujours facilement le placement de leurs produits s'ils sont de conservation sûre.

TURQUIE D'ASIE

La Turquie d'Asie, comme la Turquie d'Europe, se prête parfaitement, grâce à son climat et à la fertilité de son sol, à la culture de la vigne. Elle a été de tout temps renommée en Orient pour l'abondance et la qualité de ses vins. Cette industrie y est cependant bien délaissée en ce moment, et ce n'est qu'avec peine qu'on pourra reconstituer les crûs disparus ou dégénérés. La fabrication des vins, de même que la culture, y est pour ainsi dire à l'état d'enfance. Les systèmes employés sont des plus simples et parfaitement adaptés aux molles coutumes des habitants. Le vin est fabriqué brut, sans aucun travail. Une fois le raisin en grappes écrasé, on place le jus dans des tonneaux où on le laisse fermenter pendant deux mois environ, puis on transvase ce jus dans d'autres tonneaux, et tout est dit.

Les vins blancs sont ordinairement colorés, dorés presque. Ils sont généralement doux et très capiteux.

Certains vignobles fournissent des crûs qui possèdent les qualités des vins d'Espagne et aussi des vins de Madère. On a également imaginé de fabriquer avec certaines espèces de raisins des vins qui, après un séjour de peu de mois en bouteilles, acquièrent toutes les propriétés des vins du Rhin.

Les quelques Français qui résident sur le littoral

font aussi, pour leur consommation, des vins blancs
secs qui, mieux fabriqués, se rapprochent beaucoup
de nos vins de France et ne laissent rien à désirer
comme goût et comme saveur. Ces vins ainsi faits
peuvent se conserver et se transporter facilement.
Il en est de même des vins noirs, qui sont fort
riches en alcool, mais généralement doux et sujets
à une fermentation prolongée.

Un autre système du pays consiste à fabriquer
des *vins cuits.* Aussitôt que le raisin est pressé, on
fait cuire le jus jusqu'à consistance légèrement
sirupeuse; on le met alors dans des tonneaux où
il peut se conserver indéfiniment. On parvient
ainsi à faire vieillir les vins de certaines contrées.
Mais ce procédé enlève au liquide une partie de ses
qualités et lui donne des défauts qui le rendent
impropre à un usage continuel.

Brousse fournit des vins rouges et blancs fort
estimés.

Smyrne produisait autrefois le célèbre vin rouge
de Prammiam; on y récolte aujourd'hui des vins
muscats que l'on assure être aussi bons que les
meilleurs crûs de Hongrie. Smyrne et Scala-Nova
exportent une grande quantité de raisins secs.

La Syrie donne des vins rouges et blancs que
l'on dit avoir quelque analogie avec ceux du
Bordelais. C'est sur le mont Liban que l'on récolte
le raisin avec lequel on fabrique le « *vin d'or* ». Ce
vin doit être très vieux pour posséder toutes ses
qualités; sa couleur est, comme l'indique son nom,

brillante et dorée. Il se vend fort cher. On pourrait dire de lui ce que les Hongrois disent du Tokay : « Il a la couleur et le prix de l'or ».

La Syrie fournit aussi beaucoup de raisins secs à l'exportation.

Tokat, dans le district de Roum, fait un commerce de vin assez considérable.

Grâce à son climat heureux, à la fertilité extraordinaire de son sol, à la bonté et à la variété de ses produits, à sa position pour les échanges, la Turquie est appelée à prendre un des premiers rangs parmi les contrées agricoles. Pour cela les cultivateurs n'ont besoin que d'un peu de liberté et de sécurité.

Les vignobles surtout pourront y devenir d'une importance considérable, à mesure qu'on fera des progrès dans la culture du cep et dans la préparation du raisin.

Mais de longtemps ce pays ne sera un concurrent sérieux pour l'exportation des vins, en supposant même qu'il le devienne jamais, ce qui est très douteux.

LA VIGNE EN ROUMANIE ET EN SERBIE

ROUMANIE

La Roumanie, formée des Principautés-Unies de Moldavie et de Valachie, est un pays essentiellement agricole, comptant une population laborieuse de 5,000,000 d'habitants environ. La terre y est très fertile. Elle produit des quantités énormes de céréales, bien qu'elle soit privée de tout engrais et mal labourée par la vieille charrue romaine, encore en usage dans ces contrées.

La culture de la vigne, jadis absolument négligée, s'accroît chaque année, et les collines avancées, qui forment les contreforts des Karpathes, produisent d'excellents crûs.

On estime à 100,000 hectares les terrains plantés en vignes et à 1,250,000 hectolitres le vin qu'on y récolte annuellement, soit 25 litres par habitant.

La Russie reçoit quelque peu de ces vins.

Ce n'est cependant pas vers la culture de la vigne que se porte de préférence l'activité des cultivateurs : les céréales, dont ils exportent pour une somme de 100 à 200 millions de francs par an, sollicitent davantage leur attention et leur offrent une source de richesse beaucoup plus considérable.

Moldavie. — Les principaux vignobles de la Moldavie se trouvent dans la région du Pruth et du Danube. Ils produisent énormément; mais le vin qu'on en retire ne supporte guère le transport. Il se consomme en grande partie dans le pays.

Le crû le plus renommé offre cette particularité que le vin qu'il produit est d'une belle couleur verte qui s'accentue en vieillissant. C'est un vin fort que quelques voyageurs ont dit être préférable au Tokay. La manipulation en est assez délicate et on ne parvient pas toujours à l'empêcher de s'altérer.

Valachie. — La Valachie, protégée des vents du Nord par les Alpes de Transylvanie et les monts Karpathes, largement arrosée par de nombreux cours d'eau, a de l'analogie avec les terres basses de la Lombardie. Elle est admirablement propre à la culture de la vigne qui s'y développe un peu partout, mais plus particulièrement et avec plus de succès sur les collines inclinées au Midi.

Les vins récoltés sont légers et aqueux en général, mais bienfaisants et d'un goût assez agréable. On pourrait obtenir de bien meilleures qualités en apportant un peu plus de soins à la culture et à la vinification.

SERBIE

La Serbie n'a que quelques vignobles sur les bords du Danube et aux environs de Pristina. Les vins récoltés sont généralement consommés sur place.

VINS DE RUSSIE

Le climat de la Russie ne se prête pas en général à la culture de la vigne. Au Nord, l'hiver y est presque continuel; la température n'est douce que dans la zone méridionale, — de la Bessarabie aux provinces caucasiennes.

La vigne croît surtout dans la fertile presqu'île de Crimée — ancienne Tauride, — ainsi que dans la région du Don et du Volga, vers l'embouchure de ces fleuves. Elle est indigène dans la première de ces contrées, où on la connaissait du temps de Strabon. Elle y vit très longtemps : on y montre des ceps qu'on dit avoir plusieurs siècles.

La Russie méridionale a aussi quelques terrains sablonneux qui conviennent parfaitement à la culture du cep.

En général, les vins obtenus sont de bien médiocre qualité; ils manquent de corps, répugnent au déplacement et veulent être vite consommés. On les alcoolise pour les conserver.

La production de cette contrée peut être évaluée à un million d'hectolitres de vin. Elle est loin de suffire à la consommation des 87,000,000 d'habitants qui peuplent l'immense empire de Russie. Aussi l'importation des boissons fermentées y atteint-elle le chiffre de 54,244,000 fr. Les vins de Bordeaux et de Champagne y sont particulièrement goûtés.

Bessarabie. — La culture du raisin y est assez développée; mais les vins obtenus sont, comme ceux de Moldavie, légers, âpres, de médiocre qualité. Ils se consomment dans le pays.

Odessa. — Les environs d'Odessa, port sur la mer Noire, possèdent des terrains sablonneux qui conviennent à la vigne. On y récolte d'assez bon vin.

Crimée. — La partie méridionale de la Tauride, protégée par des montagnes, se prête admirablement à la culture du cep. Les rameaux des vignes sauvages, abandonnés presque sans culture, s'entrelacent partout avec ceux des vignes domestiques et, s'élançant sur les arbres, forment des guirlandes et des berceaux du plus gracieux effet. C'est très pittoresque, mais parfaitement nuisible à la qualité des raisins. Œnologie et viticulture sont encore à l'état d'enfance dans cette contrée.

Les vignes donnent des récoltes extrêmement abondantes; seulement les vins, mal préparés, restent doux et ne se conservent pas. Ils se décomposent et tournent facilement à l'aigre.

Quelques vignerons les additionnent d'alcool au

moment du soutirage et parviennent ainsi à leur maintenir leur arome et leur fraîcheur, mais guère au delà de deux ans.

Cosaques du Don. — Les Cosaques du Don cultivent la vigne avec assiduité et quelque succès, bien qu'ils aient à lutter contre les vents du Nord qui empêchent souvent les raisins d'atteindre leur complète maturité.

Les vins qu'ils obtiennent sont généralement âpres et durs. On cite cependant quelques crûs agréables, très estimés à Moscou, où ils atteignent des prix élevés.

Astrakan. — Dans la partie fertile de cette contrée, sur les bords du Volga, on cultive la vigne; mais c'est surtout en vue du fruit, qu'on expédie à Saint-Pétersbourg et dans toute la Russie.

On y fabrique peu de vin et ce peu est de mauvaise qualité.

Les premiers vignobles furent plantés près d'Astrakan en 1615, avec des cépages tirés de la Perse. Depuis, on a fait venir des plants divers des cépages les plus renommés de l'Europe. Actuellement on compte plus de vingt variétés qui réussissent parfaitement. L'Empereur de Russie possède dans cette contrée des vignobles qui produisent des raisins d'un goût parfait.

Petite Russie. — Cette contrée n'a pas une température favorable à la culture du cep; cependant on en rencontre des plantations assez étendues dans le pays que l'on nommait autrefois Ukraine.

Il est vrai que les raisins y parviennent rarement à une maturité parfaite; les vins qu'ils produisent sont par suite durs, âpres et dénués de qualités. Ils doivent être consommés dans la contrée.

Kiew, sur le Dniéper, centre d'un assez grand commerce d'eaux-de-vie, possède des vignobles dans ses environs.

LA RÉCOLTE DES VINS EN SUISSE

On sait que la Suisse est le pays le plus montagneux et le plus élevé de l'Europe, le plus curieux
par ses glaciers et ses sites, ainsi que le plus sain
par la salubrité de l'air. Les Alpes ne l'environnent
seulement pas; elles en couvrent la plus grande
partie du sol. Les cantons fertiles ne sont que des
vallées plus ou moins spacieuses entre les divers
rameaux des montagnes. Du côté de la France, la
principale branche du Jura occupe aussi un espace
considérable.

Les vallées de la Suisse, sauf quelques localités
particulièrement bien abritées, ont un climat plutôt
rude que tempéré; la moyenne, pour les villes
dont l'élévation au-dessus du niveau de la mer est
assez uniformément de 250 mètres, est de 8°83,
soit en été 17°28 au-dessus de zéro, et en hiver
1°53 au-dessous du point de glace.

On conçoit que le sol, sous un tel climat, ne soit
pas partout favorable à la culture de la vigne et

que celle-ci ne puisse prospérer que dans les contrées tempérées, sur des terrains inclinés au Midi. Du reste, la Confédération Suisse, bien que renfermant quelques riches vallées et quelques plaines bien cultivées, est loin d'être un pays agricole. Sa production en céréales ne suffit pas aux besoins de la consommation, et elle est obligée de demander à l'étranger une partie du grain et du vin qui lui sont nécessaires.

On estime que la culture de la vigne occupe dans les États fédérés 44,800 hectares de terrain, et qu'elle produit annuellement une moyenne de 900,000 hectolitres de vin. Or la population, accusée par le recensement du 1er décembre 1880, est de 2,846,102 habitants; d'où la conséquence que la récolte du vin égale 31 litres par tête.

Et encore cette récolte, si petite qu'elle soit, se trouve bien diminuée par l'invasion du phylloxera qui n'a pas plus épargné les vignobles suisses que ceux du reste de l'Europe.

En 1880, nous avons exporté en Suisse 369,430 hectolitres de vin, représentant une valeur de 15,000,000 de francs. En échange, nous avons reçu de ce pays du bétail, ainsi que des produits naturels et industriels, pour une somme de plus de 100 millions de francs.

Les cantons suisses qui produisent le plus de vin sont : au Nord, Argovie, Zurich, Schaffhouse,

Turgovie et Saint-Gall; au Sud, Vaud, Neuchâtel, Genève, le Valais et le Tessin.

Le canton du Valais surtout est celui qui récolte le plus de vin propre à faire concurrence à nos produits français. On y a transplanté une assez grande quantité de vignes tirées des principaux crûs étrangers; elles fournissent aujourd'hui des produits qu'on a décorés des mêmes noms que ceux de ces crûs : tels que le Johannisberg, le blanc du Rhin, le Tokay, et, pour ce qui nous concerne spécialement, le petit Bourgogne, le blanc d'Artois, le Dôle, le Bordeaux, etc., cela indépendamment des nombreuses variétés portant des noms soit de fantaisie, soit des localités productives du Valais, soit des crûs d'autres cantons de la Suisse. Parmi ces différentes variétés, figure notamment le vin du Glacier, très estimé en Suisse, et ainsi nommé parce qu'on le conserve, pendant sa fermentation, dans des caves situées près des glaciers. On fait aussi, à Martigny et à Sierre, des vins blancs *muscats* et des vins dits de *malvoisie,* liquoreux et d'un goût agréable.

Le canton de Neuchâtel produit des vins rouges qui ont de la finesse, du bouquet, une belle robe et un goût agréable. On dit qu'ils soutiennent la comparaison avec ceux des seconds bons crûs de la haute Bourgogne.

Le canton de Vaud possède d'excellents crûs de vins blancs. La récolte en est évaluée à 300,000 hectolitres. Ces vins ont de la saveur, du corps, de l'arome et une bonne richesse alcoolique. Quelques uns sont secs, comme les vins du Rhin, et ils acquièrent en vieillissant un ensemble de qualités fort appréciables.

Mais à part quelques exceptions, les vins suisses sont médiocres, âpres, sans consistance, peu alcooliques et d'une conservation difficile, qu'on n'a du reste aucun intérêt à tenter.

Les cantons du centre de la Confédération produisent du cidre en assez grande quantité. Ils fabriquent également, avec les fruits qu'ils ont en abondance, une liqueur fermentée connue sous le nom de *vin de fruit*.

La Suisse fabrique et expédie dans le monde entier des absinthes et du kirschwasser de très bonne qualité.

LES VINS DANS L'EMPIRE D'ALLEMAGNE

L'empire d'Allemagne s'étend du 47°20' au 55°30' de latitude septentrionale.

La culture de la vigne y offre cette particularité qu'elle y est très répandue jusqu'au 52e degré et qu'on la retrouve même au 53e degré, dans le Brandebourg.

La qualité des produits se ressent, il est vrai, de la rigueur du climat, et le vin y est généralement aigrelet, sans force et sans tenue; mais certaines contrées en fournissent de fort bons et d'autres de remarquables, qui ont justement acquis une réputation universelle. Les meilleurs se récoltent vers le 50e degré, dans une zone que nous considérons en France comme impropre à la culture du cep et qui correspond à nos départements de la Somme, de la Seine-Inférieure, du Pas-de-Calais et du Nord.

Les vins allemands forment une classe à part, en raison même de la température du pays qui les produit; ils ne peuvent être comparés à aucun de

ceux récoltés dans les grands centres vinicoles. Ils
en diffèrent par le goût, l'arome et la consistance.
A part quelques exceptions brillantes, ils sont secs
et durs, entachés d'une acidité désagréable pour les
personnes qui n'y sont pas habituées. Dans les
mauvaises années, lorsque la température se
montre contraire à la maturité du raisin, les plus
grands crûs n'échappent pas à ces défauts. Le soleil
— cet agent chimique par excellence — refuse alors
ses rayons à la production du sucre dans le grain,
et le jus reste vert et acide.

Les vins rouges n'ont ni la qualité, ni la
réputation des blancs. Cependant on en récolte
dans le duché de Nassau qui, dans les bonnes
années, sont peu inférieurs, dit-on, à nos grands
vins de la haute Bourgogne; mais la production
de cette sorte est si faible et les bonnes années si
rares, qu'on ne peut guère s'en procurer. Le
Wurtemberg, dont la vigne forme la principale
branche de la richesse agricole, la Bavière et le
grand duché de Bade récoltent des vins rouges
ayant une belle robe, de la sève, du bouquet et un
goût très agréable.

Les vignobles des environs de Coblentz produisent une sorte de vin léger, pâle, rosé, nommé
bleichert, qui par sa saveur, son arome, sa finesse,
peut lutter contre les bons vins rouges de Nassau.

Quoi qu'il en soit, les vins rouges et rosés ne
représentent qu'une faible partie de la récolte :
l'Allemagne produit surtout des vins blancs.

Quelques-uns ont une réputation justifiée; on les connaît dans le monde entier sous le nom de *vins du Rhin*. Les vins dits *de Franconie, du Palatinat, de Moselle* sont aussi généralement appréciés; et certains crûs ne sont pas inférieurs à ceux du Rhin.

Les grands crûs des vins du Rhin se trouvent aux environs de Mayence, sur les rives droite et gauche du fleuve. « Les vins de la rive gauche ont moins de corps que ceux de la rive droite; cependant ils sont plus fins, et joignent à beaucoup de spiritueux un bouquet aromatique très prononcé et des plus suaves, qui égale, s'il ne le surpasse pas, ceux de nos meilleurs vins. Ils sont fort recherchés en Allemagne; mais le goût sec et piquant qui les caractérise déplaît généralement aux Français, du moins au premier abord; ce n'est qu'après en avoir bu pendant quelque temps que nous apprécions toutes leurs qualités. Le piquant de ces vins, loin d'être un acide grossier et corrosif, est fin et délié; il constitue une partie de leur mérite, car il sert à neutraliser le soufre, qui, sans cela, se porterait avec trop de violence dans le sang. Les vins du Rhin sont très sains et diurétiques; ils n'attaquent pas les nerfs et ne troublent la raison que quand on en boit avec excès (1). »

Les premiers choix sont susceptibles de se con-

---

(1) *Topographie de tous les vignobles connus*, par A. Jullien. Cet excellent ouvrage, dont la première édition remonte à 1816, nous était inconnu lorsque nous avons commencé notre travail.

server très longtemps sans se décomposer; ils gardent une limpidité parfaite; malgré cela ils acquièrent assez vite leur maximum de qualité. C'est surtout quatre ou cinq ans après la récolte qu'ils possèdent un parfum délicieux et une saveur engageante. Plus tard, en vieillissant, ils gagnent en force et perdent en moelleux.

« Les cépages le plus généralement cultivés dans les bons vignobles sont le *riesling*, qui paraît être le même que celui que nous nommons *gris* et *blanc*, et le *klingerberger*, qui ressemble à notre *meslier*. Le *riesling*, planté sur le revers des montagnes rocailleuses et rapides, donne de petites grappes blanches qui ne mûrissent que dans les années chaudes; mais alors il donne des vins qui se conservent et acquièrent, en vieillissant, un bouquet aromatique prononcé et agréable. Le *klingerberger*, cultivé dans les terrains bas, mûrit plus facilement et donne une plus grande quantité de vin, plus doux et plus précoce que le précédent, mais qui a moins de qualité, de bouquet, et ne se conserve pas aussi bien. On cultive aussi le *pineau*, le *gros blanc* et quelques autres cépages. »

Le vignoble célèbre du château de *Johannisberg*, situé sur la montagne de ce nom, près de Mayence, dans la partie du duché de Nassau nommée le *Rhingau*, fut planté vers la fin du xie siècle, sur les souterrains même du château, par les religieux d'une abbaye. Il donne un vin distingué par ses hautes qualités et par l'absence presque totale de piquant qui caractérise les autres vins du Rhin. La production de ce grand crû est forcément limitée; on s'en procure à grand'peine et à des prix très élevés.

La culture de la vigne est très intense autour de la montagne de Johannisberg et dans toute la contrée avoisinante : les superbes vignobles de Rudesheim, Steinberg, Grafenberg et Hocheim donnent des seconds crûs très estimés.

Il n'entre pas dans notre cadre d'étudier ni de comparer les mérites des divers crûs de l'empire d'Allemagne; aussi reviendrons-nous à la statistique et à la constatation de la place que cette contrée occupe dans la production et la consommation des vins.

La production est d'environ 5,959,000 hectolitres se répartissant ainsi qu'il suit :

	HECTOLITRES
Alsace	1,736,000
Prusse	470,000
Saxe	710,000
Hesse	260,000
Nassau	82,500
Bavière	1,400,000
Wurtemberg	700,000
Bade	600,500
Total	5,959,000

La population de l'empire étant de 41,068,104 habitants, la production atteint à peine 15 litres par tête; elle est donc tout à fait insuffisante à parer aux besoins de la consommation, bien que la bière soit la boisson la plus répandue.

Aussi l'importation des boissons fermentées en Allemagne s'est-elle élevée à 73,600,000 francs en 1878, et à 145,620,000 francs en 1879.

La France y a exporté, en 1881, 269,471 hectolitres de vin ; sur ce chiffre, la Gironde seule en a fourni 156,183 hectolitres.

C'est un grand marché ouvert à l'activité des pays viticoles.

PRODUCTION DES VINS AUX ÉTATS-UNIS

Les États-Unis occupent, au centre de l'Amérique du Nord, près de 935 millions d'hectares de terrain — plus que le Brésil dans l'Amérique du Sud. Ils comptent environ 50 millions d'habitants, et leur population, favorisée par les immigrations, s'accroît avec rapidité.

Le climat y est très variable, suivant la latitude où l'on se trouve ou l'altitude à laquelle on s'élève au-dessus du niveau de la mer. En toute saison la température y subit de fréquents écarts de 30°, du chaud au froid, et en été on y est généralement exposé à une température qui atteint jusqu'à 40° centigrades, persistant dans le Midi, mais durant quelques jours seulement dans le Nord. Sur les côtes du Nord-Est les vents sont glacials, tandis que l'on trouve du côté de la Californie un climat presque aussi chaud que celui de l'Italie.

Aussi, bien que le sol soit presque partout d'une grande fertilité, la vigne ne peut être cultivée que dans les contrées dont le climat est à l'abri de trop brusques écarts de température, pouvant compromettre les récoltes aux diverses phases du développement du raisin.

On peut trouver là l'explication du peu de progrès que la viticulture a faits aux États-Unis. Quoi qu'on en dise, c'est la branche d'agriculture qui a le moins prospéré dans ce pays.

Dès l'année 1565, les colons firent du vin dans la Floride, avec le raisin de la vigne indigène. Le premier vignoble fut créé ans la Virginie, en 1620, par la Compagnie de Londres, et en 1630 on fit venir des vignerons français; mais cette tentative ne réussit pas. Cependant, à partir du milieu du XVIIe siècle, les États, les gouverneurs, les sociétés, encourageant de leur mieux la viticulture, des succès partiels furent obtenus; jamais, toutefois, on n'arriva à une production régulière, sérieuse, constante; ce n'est guère que dans ces dernières années, qu'après un moment de découragement, et à la faveur de tarifs de douane prohibant pour ainsi dire les vins étrangers, que la viticulture américaine s'est relevée : elle est aujourd'hui florissante, ou du moins en voie de le devenir.

Il y a une quinzaine d'années, les États-Unis ne produisaient guère plus de 112,000 hectolitres de vin; depuis, il y a eu un accroissement marqué des surfaces consacrées à la vigne et le rendement de la récolte a décuplé.

A l'heure qu'il est, on peut classer comme suit

la part afférente à chaque État dans la production
du vin :

ÉTATS	HECTARES plantés en vignes	VINS récoltés (hectolitres)	VALEUR de la récolte (francs)
Californie...............	13,099	613,955	20,232,325
New-York	5,117	26,520	1,936,540
Ohio.....	4,036	71,142	8,139,630
Missouri...............	2,986	82,819	6,600,250
Géorgie................	1,210	41,007	6,677.605
Autres États...........	10,000	300,000	12.000,000
Total........	36,448	1,135,443	55,586,350

Outre les États dénommés dans le tableau qui
précède, ceux qui fournissent l'appoint le plus
important dans la culture de la vigne sont l'Indiana,
l'Illinois, le Kansas et le New-Mexico.

Le produit de la récolte est de 31 hectolitres 15
litres par hectare, et la valeur moyenne du vin est
de près de 50 francs l'hectolitre, ce qui est excessif,
étant donnée la qualité moyenne de ce même vin.

En somme la récolte des vins aux États-Unis ne
s'élève qu'à 1,135,443 hectolitres, et encore ce
chiffre paraît exagéré, parce que le rendement des
vignes en Californie ne dépasserait pas, d'après
d'autres statistiques, le chiffre de 330,000 hectolitres, au lieu de 613,955 que nous avons indiqué.

Quoi qu'il en soit, prenant à dessein le chiffre le
plus élevé, nous n'aurons pas de peine à démontrer
combien il est téméraire de dire et de croire que
nos vignobles sont menacés d'une concurrence

redoutable par la production infime de l'Amérique.
Avant que cette production, qui n'est encore que
de *deux* litres par habitant, soit parvenue à suffire
à la consommation d'un grand peuple, la volonté
énergique et persévérante des Américains, leur
esprit industrieux, ont, dans ce sens, des progrès
considérables à réaliser.

En supposant que le sol et le climat puissent se
prêter à une exploitation considérable de la vigne
— ce qui n'est pas démontré, — de longtemps leurs
vins ne pourront se montrer sur les marchés
extérieurs. Du reste tant que la production sera
faible, le prix du vin demeurera trop élevé pour le
commerce d'exportation ; nous avons vu que ce
prix est actuellement de 50 francs par hectolitre,
bien que la qualité moyenne de la boisson laisse
beaucoup à désirer.

On a bien fait, pour aborder les marchés extérieurs, des tentatives sur lesquelles on s'est efforcé
d'attirer l'attention, se gardant surtout d'indiquer
les résultats obtenus, parce qu'ils étaient loin d'être
encourageants. Une consignation de vins de
Californie, importés à Brême en 1880, par navire
Stella, a été vendue publiquement à Coblentz.
Mais les prix payés ont été de 50 0/0 inférieurs à
ceux demandés. Ces vins provenaient pourtant des
meilleurs crûs de Californie ; ils avaient été choisis
avec soin ; malgré cela il a été impossible de les
placer par lots importants, à cause de leur manque
de caractère et de nerf. Deux sortes, intitulées
Château-Yquem et Moscatel doux, ont été plus

appréciées et ont obtenu des prix plus élevés, mais
toujours inférieurs à ceux demandés et espérés, et
insuffisants à couvrir les frais de culture, de port
et de vente. Cependant le moment avait été bien
choisi; notre récolte avait été très petite et nos
vins étaient tenus à des prix élevés sur les marchés
d'Allemagne.

Que les Américains développent la culture de
leur vigne, rien de mieux; ils en ont besoin pour
faire face aux besoins toujours grandissants de leur
propre consommation; qu'ils cherchent, par des
améliorations continues, à produire des vins de
table suffisamment riches et agréables pour dimi-
nuer autant que possible les importations de ces
sortes; mais qu'ils renoncent, au moins pour le
moment, à obtenir avec leurs jeunes vignes et leurs
cépages mal définis, des vins pouvant entrer en
lutte avec les crûs de la vieille Europe. Avec un
peu de bonne foi, ils se garderaient aussi de donner
à leurs vins, encore défectueux à bien des points
de vue, les titres de nos crûs justement renommés.
Un peu de modestie sied à des débutants. Vouloir
produire du premier coup des vins similaires à
ceux du Château-Yquem, c'est un peu ambitieux,
à moins que ce ne soit une simple manœuvre pour
tromper l'acheteur.

En attendant que les États-Unis puissent produire
mieux et davantage, ils resteront les tributaires
de l'Europe, et cela malgré leur tarif excessif
des Douanes. Ils nous demanderont encore longtemps tous les vins de luxe et aussi une partie de

nos excellents vins de consommation courante.

Voici le résumé de leur importation des vins étrangers pendant les trois dernières années :

ANNÉES	EN FUTS		EN BOUTEILLES		TOTAL des valeurs en francs
	litres	valeur en fr.	douzaines	valeur en fr.	
1879.	17,187,161	11,397,665	345,066	13,736,072	25,133,737
1880.	16,287,037	12,722,678	429,029	17,747,190	30,469,868
1881.	19,383,148	15,464,760	502,264	21,482,845	36,947,605

Il est à remarquer que l'importation aux États-Unis augmente sensiblement et qu'elle a passé en deux ans de 25,133,737 francs à 36,947,605 francs. Là, comme ailleurs, l'usage du vin tend à se généraliser à mesure que les moyens de communication deviennent plus faciles et que l'aisance pénètre dans les masses.

Cette partie de l'Amérique offre à nos vins un débouché tout aussi important que la République Argentine, l'Uruguay et le Brésil; c'est un marché considérable que nous ne devons pas déserter. Si un traité de commerce intervenait entre les États-Unis et la France, notre mouvement d'exportation grandirait rapidement, maintenant que Bordeaux est mis en relations périodiques et directes avec New-York par une ligne de steamers.

Notre exportation dans ce pays a été, en 1881, de 111,935 hectolitres de vin, soit 60 0/0 de son importation totale, et ces chiffres doivent être en dessous de la réalité, parce que beaucoup de nos vins à destination de l'Amérique transitent en Angleterre, et leur sortie de nos Douanes est inscrite comme s'ils étaient livrés à la consommation chez nos voisins.

Les vins américains se divisent en deux grandes catégories : ceux de l'Atlantique, ceux du Pacifique.

Les vins des pays atlantiques sont de trois sortes : blancs ou légèrement colorés, rouges ou colorés, vins ressemblant au sherry.

Dans la première classe se placent tous les produits du Catawba, la plus ancienne espèce connue, transplantée et transformée en maint endroit, et ceux de beaucoup de plants étrangers ou hybrides. Certains crûs blancs de l'Ohio et du Missouri ne sont pas dépourvus de qualités généreuses, ni même d'un bouquet agréable; ils contrastent avec la plupart des autres produits du vignoble américain, dont le goût de terroir rappelle le cassis ou la mûre sauvage.

Les cépages les plus répandus pour les vins rouges sont le *Zinfandel,* le *Concord,* le *Dévereaux,* le *Clinton,* le *Delaware* et le *Diana.* Plusieurs crûs rappellent les vins de France; on peut les comparer à nos vins ordinaires de la Loire et de l'Yonne.

Dans la Caroline du Sud, on a commencé la fabrication de ce produit d'après les procédés français; l'usage des presses tend à s'y répandre. Avec des raisins d'*Œstivalis* et de *Vulpina* on a obtenu un vin se rapprochant de nos vins de côtes.

Les vins analogues au sherry sont produits avec

le cépage *Mission ;* ils font une rude concurrence à
ceux qu'importaient les Anglais.

Épargné, à de rares exceptions près, par l'oïdium
et le phylloxera, le vignoble américain situé à l'est
des Montagnes-Rocheuses peut se promettre un
grand avenir, surtout sur le marché indigène qui
est, comme nous l'avons dit, considérable.

VINS CALIFORNIENS

Les États du Pacifique, et surtout la Californie,
commencent à présenter en vins une production
sérieuse. La superficie des vignobles en plein
rapport y augmente chaque année; on l'estime
actuellement à 13,099 hectares.

La vigne y fut cultivée pour la première fois vers
le milieu du siècle dernier, par des moines qui
essayèrent des plants de France et d'Espagne, mais
sans succès ; l'un d'eux ayant eu ensuite l'idée de
semer des pepins d'un beau raisin d'Europe, le
résultat fut magnifique, et la mission de Saint
Gabriel, comté de Los Angeles, eut bientôt de très
beaux vignobles. Ce comté produit actuellement le
quart de la récolte de l'État ; celui de Sonoma a
cependant plus de vignes que lui.

La Société de viticulture de Californie, partant
de l'hypothèse — peut-être téméraire — que l'on
réussira à combattre le phylloxera, estime que
toutes les vignes actuellement plantées ont donné,

en 1880, 540,000 hectolitres de vin et qu'elles pourront rendre, lorsqu'elles seront en plein rapport, 675,000 hectolitres de vin, en dehors des quantités de raisins séchés ou consommés frais et de ceux destinés à la fabrication des esprits.

La récolte de 1873 a été estimée à 230,000 hectolitres. On voit le progrès qui a été fait dans la culture de la vigne. Toutefois il est bon de dire que les chiffres adoptés par le rapport officiel diffèrent très sensiblement de ceux accusés par la Société vinicole, et que ce rapport limite le rendement des vignes à 330,000 hectolitres pour l'année 1880, qui a été pourtant exceptionnellement abondante. Avec des écarts aussi considérables dans l'appréciation de la récolte par des juges qui devraient être également experts, il est fort difficile de dire de quel côté est la vérité. Nous avons déjà expliqué pourquoi nous avions pris le chiffre le plus élevé parmi ceux qui avaient été cités, bien que nous pensions que la Californie ne produise pas en moyenne plus de 400,000 hectolitres de vin.

Le rendement de la vigne est très inégal dans cet État : considérable dans les vallées bien irriguées, il est peu important dans les terres hautes et maigres. Mais les vignes trop abondantes donnent un vin de qualité inférieure ; tandis que celles dont la production est moyenne produisent un raisin excellent pour la fabrication du vin.

Le *Hock* de la Californie est couleur de paille ; il est généralement plus fort et plus chaud que le vin du Rhin, qu'il surpasse aussi en douceur.

Le *Port* (vin semblable au Porto), qui se fabrique principalement dans le comté de Los Angeles, est rouge foncé, fort et doux.

L'*Angelica* est un vin doux, dans lequel on mêle de l'eau-de-vie de raisin. On fait aussi des vins de Madère, de Xérès, de Bordeaux, mais en petite quantité et généralement mal réussis.

Les frais de culture, ceux de vendange et de transport au pressoir sont estimés en moyenne à 6 francs par hectolitre de vin obtenu.

La valeur marchande de ces vins est d'environ 30 centimes pour les secs et de 60 centimes pour les doux. Nous ajouterons que les négociants font des coupages plus ou moins intelligents; qu'ils importent d'Allemagne du jus de cerises pour donner de la couleur et de l'acidité à certains vins et qu'ils vinent ceux qui sont doux pour les fortifier et les conserver.

La Californie a exporté, en 1880, 109,221 hectolitres de vins en fûts et 6,837 caisses; cette exportation n'avait été, en 1879, que de 62,494 hectolitres en fûts et 4.223 caisses. C'est donc une augmentation de 46,727 hectolitres en fûts et de 2,614 caisses — ce qui est réellement remarquable. Les États de l'Est, à eux seuls, ont contribué à ce mouvement en 1880 pour 103,546 hectolitres et 291 caisses. Les autres clients importants sont le Mexique, l'Amérique centrale et l'Équateur; ces deux derniers ont pris chacun plus de 2,300 caisses.

Malgré cela, la Californie est notre tributaire pour les vins et les spiritueux de qualité sortant de l'ordinaire. Nous lui avons expédié directement, dans ces articles, en 1879 et 1880 :

	1879	1880
Vins autres que mousseux (barriques)...	5,125	4,004
Id. (1/2 barriques)	674	406
Id. (caisses)..	9,331	10,001
Champagne............... (caisses)..	8,833	7,198
Porto et Xérès............ (barils). .	1,746	2,823
Vermouth............... (caisses)..	4,482	2,226
Absinthe............... (caisses)..	1,049	»
Eau-de-vie .... (barils)...	1,174	2,179
Id. .... (caisses)..	3,088	3,646

L'importation des vins en barriques présente une diminution; mais celle des vins rouges en caisses, des Porto, des Xérès et des eaux-de-vie, accuse une augmentation assez sensible. Notre importation se déplace sans rien perdre comme valeur.

Outre les vins, la Californie fournit une quantité considérable de raisins de table qui sont expédiés à Chicago et dans d'autres localités au delà des Montagnes-Rocheuses. Le cultivateur n'expédie pas lui-même; il consigne ou bien il vend ferme sa récolte à des maisons de San-Francisco, de Sacramento, ou de quelque autre station convenable du chemin de fer. L'augmentation de l'étendue du terrain cultivé en vignes donnant du raisin de conserve, se trouve surtout dans les chaudes vallées de l'intérieur; c'est dans le Val San Joaquin et dans certaines parties du Val de

Sacramento qu'elle est le plus considérable. Le comté de Fresno devient un centre important de cette culture, pour laquelle l'eau et la chaleur sont également nécessaires. On n'obtient le maximum de production dans les vignes de l'espèce qu'en les irriguant.

Les cépages les plus répandus en Californie sont, pour les vins rouges, le *Zinfandel* (de Hongrie) et le *Malvoisie* (de Porto); pour les vins blancs, le *Riesling*, le *Gutedel* (chasselas doré), *Blaue Elba*. *Tramaner* et *Burger;* pour les vins doux, la *Mission*.

Dans les meilleurs districts viticoles, on cultive encore des variétés de vignes qui ne sont pas appropriées au sol et dont les produits n'ont pas les qualités requises. Peu de vignobles produisent des raisins susceptibles de donner par leur mélange un vin irréprochable, exempt de goût de terroir, bien coloré, riche en alcool.

Le phylloxera a été signalé dans la Sonora en 1860; ce n'est qu'en 1875 qu'on a commencé à se préoccuper de sa présence; les vignerons déclarent qu'ils ont toujours connu cet insecte, qu'ils le croyaient inséparable de la plante et qu'ils n'ont jamais songé à le détruire. Il s'est développé lentement; mais en ce moment les ravages qu'il exerce sont aussi considérables et exactement les mêmes qu'en Europe. Il est cependant accompagné d'un parasite, le *Tyroglyphus longior,* qui lui fait une guerre terrible et dont tous les viticulteurs favorisent le développement.

On croyait généralement que le phylloxera avait
été introduit dans ces régions par des plants de
vignes de provenance bordelaise ; mais M. Savignan,
envoyé en mission en Californie, a combattu cette
erreur dans une note communiquée à l'Académie
des sciences, et ses observations présentent un réel
intérêt au milieu des discussions nombreuses qui
se produisent chaque jour sur les origines du
terrible ravageur.

La Californie est, jusqu'à présent, le seul État
de l'Union dans lequel la production du vin ait
quelque importance. La superficie des terrains
plantés en vignes y augmente chaque année ; mais,
comme les nôtres, ces vignobles voient leur avenir
compromis par le phylloxera. Les viticulteurs
cherchent par tous les moyens à combattre le fléau,
et les législateurs leur viennent en aide ; une loi a
institué des commissaires et des inspecteurs chargés
de visiter les vignobles et de prendre toutes les
mesures nécessaires pour empêcher le mal de
s'étendre.

La viticulture et la vinification ont encore de
grands progrès à accomplir en Californie, malgré
les efforts qui ont été faits dans ce sens. Mais il n'est
pas douteux que les vignerons, assurés d'une vente
facile et rémunératrice, arriveront à améliorer
leurs produits. C'est une question de temps. Ils ont
sous la main un marché de 50,000,000 d'habitants,
sans compter le Mexique et le Centre-Amérique.

Dans ces conditions, en présence de besoins aussi considérables, la production ne peut que se développer largement.

On reproche aux viticulteurs de la contrée qui nous occupe de ne pas choisir les cépages avec assez de soin et de négliger de s'en procurer à temps pour disposer leurs plantations nouvelles. Ils sont aussi trop enclins à croire que leur sol peut produire partout d'excellents vins de table, et ils s'imaginent, bien à tort, qu'une seule variété de raisin est apte à donner tous les genres de vins. Le choix du sol et des cépages a cependant une importance capitale dont ils ne tarderont pas à se rendre compte.

LES VINS DU CHILI

Le Chili est essentiellement agricole; il présente par sa position géographique une très grande étendue en longueur du Sud au Nord, et a, par conséquent, deux sortes de température : chaude au Nord, pluvieuse dans le Sud, mais partout très saine.

Le sol y est admirablement fertile; il produit toutes les céréales de l'Europe et quelques-unes des plantes des tropiques, récoltées pour la consommation intérieure. La vigne y prospère à souhait.

Elle y fut introduite par les Espagnols peu de temps après la conquête. Bien que cette culture se soit promptement étendue sur les provinces du centre et du midi, ce n'est que depuis vingt ans que le pays s'adonne régulièrement à ce genre d'industrie.

« Ce sont principalement des plants de Bordeaux et de Bourgogne qui ont été importés au Chili. Peu à peu, les Chiliens ont alors abandonné leur ancienne méthode de culture de la vigne et de fabrication du vin, pour adopter les procédés des pays d'où leur venaient leurs nouvelles vignes; aussi depuis quelques années, dans plusieurs provinces, surtout dans celles du centre, on fabrique du vin d'excellente qualité; de sorte que c'est devenu une source de richesse pour le pays.

» La contrée du Chili la plus propice à la vigne s'étend depuis la frontière Nord jusqu'à Biobio au Sud; mais dans le Sud l'humidité du climat ne permet pas aux raisins de mûrir sans qu'on ait recours à des moyens artificiels.

» Les vignes au Chili se distinguent en vignes françaises et en vignes chiliennes. Les françaises forment des vignobles considérables dans la région du centre. Les principales variétés de raisin de France introduites au Chili sont le *Pinot*, le *Gamais*, le *Sauvignon*, le *Cabernet*, le *Malbeck*, le *Cot-Rouge*, le *Meunier*, le *Sémillon blanc*, le *Folle-blanche*, et quelques autres. On trouve aussi le *Chasselas de Fontainebleau* sur les treilles de jardins et de vergers.

» Les vignes chiliennes se rencontrent principalement au Midi et au Nord; généralement ces vignes, qui poussent dans un sol humide, reçoivent peu de soins; tandis qu'on porte toute l'attention sur les vignes françaises, qui se cultivent dans une terre qu'on entretient assidûment en bon état de prospérité et de culture; c'est pourquoi les ceps français donnent des fruits mûrs de quinze jours à trois semaines avant les autres. Pourtant on commence à cultiver les vignes indigènes d'après le procédé français. »

La récolte en ce moment peut être évaluée à 1 million d'hectolitres, soit environ 50 litres par habitant. La production n'a donc pas encore dit son dernier mot, et elle a des progrès à faire pour atteindre, comme en France, 133 litres par habitant.

« La vigne dure longtemps au Chili; les vignes qui comptent cinquante ans de rapport ne sont pas rares. Jusqu'à présent on n'a eu aucune maladie sérieuse à signaler.

» Les vins qu'on fabrique au Chili sont des imitations de Bourgogne et de Bordeaux, mais des vins rouges, car on y boit peu de vin blanc; cependant le vin blanc qu'on y fabrique est de qualité supérieure au vin rouge.

» Les vignes françaises, bien cultivées, peuvent donner de 100 à 120 hectolitres de vin par hectare; la première année, ce vin se débite à raison de 40 à 50 centimes le litre; il se consomme dans le pays ou s'exporte sur le littoral du Pacifique.

» Les classes ouvrières boivent un petit vin léger appelé *chacoli*, qui se fait avec des vignes indigènes et qu'on laisse faiblement fermenter dans la cuve : il y en a du blanc et du rouge.

» Le vin le plus ordinaire du Chili est une espèce de vin de liqueur, qui ressemble au vin de Malaga. On le fabrique en ajoutant au moût ordinaire un quart ou un cinquième de vin bouilli. La province de Conception a la renommée de fabriquer du vin doux assez recherché, dit *Mosto asoleado* (vin doux ensoleillé), qui se fait avec des raisins séchés au soleil pendant quinze à vingt jours. Les procédés de fabrication sont des plus primitifs.

» La *Chicha*, boisson habituelle des pauvres, se fabrique comme le vin blanc, avec cette différence qu'on fait bouillir le jus qui sort de la presse.

» Dans la province d'Aconcagua, on distille une grande quantité d'esprit avec du vin ; mais cet esprit est de mauvaise qualité, la méthode de distillation étant vicieuse. Pour combattre le goût désagréable de l'alcool obtenu de la distillation directe du marc, on y ajoute de la graine de fenouil, ce qui donne un spiritueux connu sous le nom d'*anisado* (anisé). »

La production est encore insuffisante à parer aux besoins de la consommation intérieure, et nous envoyons tous les ans au Chili pour 1,200,000 fr. de vins de qualité supérieure.

Les récoltes y sont trop faibles et le prix moyen des vins trop élevé pour que ce pays puisse prendre rang parmi les exportateurs. Il pourra cependant lutter, sur les côtes du Pacifique, avec les vins californiens. Ses agriculteurs ont, dans la culture de la vigne, un élément de prospérité qu'ils ne négligeront certainement pas.

LES VINS DANS LES POSSESSIONS ANGLAISES

ILE DE CHYPRE

L'île de Chypre, coupée par le 35e degré de latitude septentrionale, est placée à l'entrée du golfe d'Alexandrette, à cinquante kilomètres de la Syrie, en face des bouches du Nil et du canal de Suez. Son importance lui assigne, dans la Méditerranée, le troisième rang, immédiatement après la Sicile et la Sardaigne. Le sol et le climat s'y prêtent admirablement à la culture de la vigne, dont le produit s'élevait, au commencement du XVIIe siècle, à 72,000 hectolitres de vin. Depuis, sous la domination du *capitan pacha* (amiral turc), ce genre de culture avait été délaissé et la récolte, en 1863, n'était évaluée qu'à 12,000 hectolitres. Elle serait actuellement, d'après le relevé fourni par la Douane locale, de 78,614 hectolitres, en prenant la moyenne des trois dernières années. L'exportation pendant la même période aurait atteint 51,688 hectolitres. C'est surtout l'Autriche et l'Italie qui achètent le grand vin de Commanderie, le premier crû de l'île, et l'Égypte, la Turquie et la France qui reçoivent le plus de vins rouges et noirs ordinaires.

Les vendanges commencent vers la mi-septembre pour les vins de liqueur; les raisins destinés à la fabrication des vins ordinaires ne sont ramassés que dans le courant du mois d'octobre. Le vigneron est encore si pauvre à Chypre, qu'il n'a ni caves, ni celliers, ni futailles. De grandes jarres en terre, enduites de résine et goudronnées remplacent la tonnellerie, qui est absolument inconnue dans l'intérieur du pays. Résine et goudron communiquent au vin un goût désagréable qui éloigne les acheteurs européens.

Les raisins provenant des plants de Commanderie sont traités avec tout le soin dont on est capable quand on ne dispose que d'un outillage très imparfait. On les étale sur le toit des fermes, grappe par grappe, de façon que le soleil puisse atteindre tous les grains, et ce n'est qu'après une vingtaine de jours, lorsque la substance sucrée commence à s'échapper, qu'on procède au pressurage et à la mise en jarre. Ce vin tourne très facilement dans la première année de sa fabrication; aussi n'est-il acheté par les négociants de l'île que sous la réserve expresse de le laisser au compte du vendeur si, après avoir été soigné et entretenu pendant un an, il ne possède pas les qualités requises. Une des particularités de ce vin étrange est de déposer, en se clarifiant, après fermentation, une lie grasse et

visqueuse, qui a la singulière propriété de l'améliorer au lieu de le détériorer. Cette lie est
conservée avec soin dans de grands foudres, dans
lesquels on verse les vins, qui ne vieillissent pas
graduellement et proportionnellement à leur âge,
mais bien en raison de l'âge de la mère-lie sur
laquelle ils sont placés. Aussi est-il impossible de
s'improviser marchand en gros de vin dans l'île; la
base même des opérations — les vieux tonneaux —
feraient défaut. Ceux qui en possèdent les conservent religieusement comme l'élément même de la
fortune de leur famille.

Le crû le plus apprécié se trouve dans le canton
nommé *la Commanderie*. Il a appartenu aux
Templiers et aux chevaliers de Malte; il occupe la
partie de l'île que les Grecs appellent *Orni*, entre
le mont Olympe, les villes de Limassol et de Paphos.
Il produit un vin de liqueur justement renommé,
qui a un arome, un goût exquis et une douceur
très agréable, sans cependant être pâteux. On
l'utilise avec succès dans la préparation du vin de
quinquina, en raison de ses qualités toniques. Ce
vin, lorsqu'il est complet, à deux ans par exemple,
a la propriété de ne pas s'altérer au contact de
l'air; on peut sans inconvénient le laisser en
vidange.

En seconde ligne, viennent les vins *muscats*
qu'on dit être supérieurs à ceux de même espèce
récoltés en Europe; cette sorte tend cependant à
disparaître, parce que le raisin muscat ne doit pas

entrer dans la composition du vin de Commanderie.

Les vins ordinaires sont alcooliques, 14 à 15°, doux, de digestion difficile, gâtés par des procédés vicieux de fabrication; ils ne sauraient convenir, du moins tels quels, à la consommation européenne. Le froid les altère.

Le commerce des vins de Chypre a pour centre Larnaca, Limassol et Nicosie; les exportations se font principalement par le port des *Salines*, voisin de la première de ces villes.

Chypre est depuis 1878 administrée par les Anglais. Nul doute qu'ils sauront imprimer une vigoureuse impulsion à l'amélioration des produits agricoles de cette île, dont le climat et le sol se prêtent si bien à la culture de la vigne; de très grands progrès ont été réalisés en peu de temps; mais il y a encore beaucoup à faire : routes, instruments de travail, vaisseaux vinaires, tout est à créer.

COLONIE DU CAP

Si l'île de Chypre est coupée par le 35° degré de latitude septentrionale, la colonie du Cap se trouve à égale distance de l'équateur, vers le 35° degré de latitude méridionale. La ville du Cap en est la capitale et le centre des échanges. Elle occupe une situation heureuse, dans la baie de la Table, sur les premières pentes d'une riche plaine qui s'élève graduellement jusqu'aux montagnes du Diable, de la Table et de la Tête-de-Lion.

Le climat et le sol de cette colonie se prêtent parfaitement à la culture de la vigne, qui cependant ne s'y développe que très lentement.

Les vins communs y sont généralement mal fabriqués, entachés d'un goût de terroir aussi prononcé que désagréable, et d'une conservation difficile. On alcoolise ceux qui sont destinés à être envoyés au loin. Les habitants aisés ne consomment que très peu de vins indigènes; c'est l'Europe, et principalement la France, qui leur fournit leurs vins de table.

Le Cap exporte environ 20,000 hectolitres de vin et en reçoit à peu près la moitié de ce chiffre.

Mais si cette colonie manque de vins rouges secs, agréables, ayant du bouquet, du corps et de la tenue, elle récolte par contre des vins de liqueur qui peuvent supporter la comparaison avec les meilleurs de l'espèce fabriqués en Europe; quelques districts fournissent aussi des vins *muscats* très appréciés et d'excellents vins blancs secs.

Les vignobles de *Constance*, plantés sur la partie basse de la montagne de la Table, à 8 kilomètres du Cap, donnent des vins dont la réputation est universelle et qui se classent immédiatement après le *Tokay*. Ils sont remarquables par leur finesse, leur moelleux, leur bouquet délicieux et leur richesse alcoolique qui en assure une longue conservation. Malheureusement la récolte en est très limitée, et, comme pour le Johannisberg, il est fort difficile de s'en procurer, même à des prix très élevés.

Les meilleurs vins *muscats* de la Colonie se vendent et s'expédient sous le nom de vin de Constance, bien qu'ils n'aient de celui-ci ni la finesse ni les autres qualités qui le distinguent.

Les Hocks secs, rouges et blancs, ayant de la ressemblance avec les vins du Rhin, et les imitations de Madère (cape sherry), qui sont meilleurs peut-être que les sherry fabriqués à Londres, paraissent devoir intéresser le commerce d'exportation.

Les Hocks et les Sherry se vendent à peu près 1 fr. 50 la bouteille.

Le vin commun du pays paraît rarement sur les bonnes tables; on y boit plus ordinairement ceux de Bordeaux, du Rhin, de la Moselle et de l'eau de seltz. On y fait aussi une grande consommation de wisky, de genièvre et d'eau-de-vie de France.

Là, comme ailleurs, la culture de la vigne augmenterait si la hausse du prix des vins devait continuer en France.

IMPORTATION DES VINS EN ANGLETERRE

Nous donnons, à titre de renseignement, le tableau suivant qui intéresse le commerce s'occupant de l'exportation des vins :

PROVENANCES	ANNÉES			VALEURS		
	1879	1880	1881	1879	1880	1881
	gallons	gallons	gallons	£	£	£
Possessions anglaises.....	28,795	40,873	35,450	12,385	18.009	14,928
Allemagne...............	311,777	421,326	449,898	46,922	64,118	63,506
Hollande............. ...	475,477	567,812	555.629	304,090	353,539	309,605
France { rouges.........	4,205,199	4,880,301	5,117,006	1,119.847	1,307,815	1,316,349
France { blancs.........	1 499,453	2,106,469	1,636,792	1,359,091	1,979,397	1,519,809
Portugal...............	2,885,148	3,146,811	2,809,438	905.615	1,040,266	890,895
Madère...............	92,111	119,370	98,557	43,216	49.976	39,689
Espagne { rouges.......	1,157,758	1,220,321	1,258,803	15..893	159,276	167,142
Espagne { blancs	3,891,902	4,167,399	3,706,410	1,284,492	1,322,384	1,173,550
Italie.................	505,127	567,043	542,196	106,797	112.543	110,820
Autres	95,656	149,352	131,765	46,857	76.036	53,909
Totaux....	15,148,403	17,387,077	16,341,944	5,380,205	6,483,359	5,660,202
Rouges...............	8,438.103	9,555,483	9,563,797	2,231.314	2,597,963	2,453 547
Blancs...............	6,710,300	7,831,594	6,778,147	3,148,891	3,885,396	3,206,655

Il résulte de ce tableau que notre exportation des vins rouges en Angleterre a augmenté d'un quart en deux ans, et que celle des vins blancs — très développée en 1880, — présente tout de même en 1881 un excédent sur 1879. En somme, notre commerce avec le Royaume-Uni est en pleine prospérité, et nous devons d'autant plus nous en féliciter que notre chiffre d'affaires est en progrès, alors que celui des autres pays vinicoles baisse ou reste stationnaire. C'est là un brillant résultat et un encouragement.

LES VINS D'AUSTRALIE

L'Australie, placée entre le 1ᵉʳ degré de latitude
Nord et le 55ᵉ degré de latitude Sud, se compose
d'un continent longtemps connu sous le nom de
Nouvelle-Hollande, et d'un grand nombre d'îles.
Elle comprend les colonies de :

1º La Nouvelle-Galles du Sud, chef-lieu Sydney ;
2º Victoria.................... — Melbourne ;
3º Australie méridionale...... — Adelaïde ;
4º Queensland............... — Brisbane ;
5º Australie occidentale...... — Perth ;
6º Australie septentrionale.... — Victoria ;
7º Tasmanie................ — Hobart-Town ;
8º Nouvelle-Zélande......... — Wellington.

Ces colonies, indépendantes entre elles, jouissent
d'une autonomie parfaite. Le gouvernement de la
reine d'Angleterre leur a gracieusement offert de
tracer elles-mêmes les articles de leur constitution ;
on les a déclarées et laissées *libres* du premier
coup, libres dans la plénitude de l'expression, et

elles ont fait de cette liberté un usage admirable. C'est un spectacle unique que le développement, la prospérité et la grandeur de quelques-unes de ces colonies, qui révèlent dès l'abord la puissance commerciale de l'Angleterre, doublée de l'esprit de progrès américain. Nées d'hier, elles sont arrivées, à force d'énergie, de courage, et par la liberté, à un degré de richesse et de civilisation qui n'a rien à envier, même aux capitales de la vieille Europe.

L'or, le charbon et les troupeaux ont été les principaux éléments de cette fortune subite. Les nombreuses et inépuisables richesses minérales de ces colonies, les immenses plaines couvertes de pâturages dans lesquelles errent des moutons, des bœufs et des chevaux en nombre fantastique, fournissent un aliment considérable à l'activité extraordinaire du puissant commerce australien.

Des progrès si importants, accomplis en si peu de temps, avec une tache originelle, qui n'est depuis longtemps qu'un souvenir, sont bien faits pour étonner, frapper d'admiration et expliquer le courant de curiosité et de vive sympathie qui nous fait accueillir tout ce qui vient de cet admirable pays.

Il n'entre pas dans notre cadre de parler de toutes ces merveilles; nous ne pouvons cependant résister au plaisir de citer quelques chiffres. En 1835, — 8 personnes débarquèrent dans la colonie de Victoria; — elles étaient 31,000 en 1845, — 364,000 en 1855, — 626,000 en 1864, — et 860,000 en 1881.

La Nouvelle-Galles du Sud avait 5 millions de moutons en 1865; elle en a actuellement 36 millions. La colonie de Victoria en possède autant.

L'élevage des bœufs et des chevaux a grandi aussi dans des proportions colossales, en même temps que l'exploitation des richesses du sol marchait du même pas.

Enfin le commerce de la Nouvelle-Galles du Sud (importations et exportations comprises) a atteint en 1880 le chiffre énorme de 736,880,325 francs pour une population de 750,000 habitants! Dans la même période, la colonie de Victoria a importé et exporté pour 762,786,325 francs!

En 1880, l'ensemble des importations australiennes a été de 1,126,516,650 fr. et les exportations de 1,221,654,200 francs; d'où il ressort que les exportations ont dépassé les importations de 95,137,550 francs. La Nouvelle-Galles du Sud est à la tête de ce commerce relativement immense, avec une moyenne de 1,023 fr. par habitant.

A l'exception de la partie méridionale du continent, de la Tasmanie et de la Nouvelle-Zélande, les grandes terres australiennes éprouvent l'influence d'un soleil vertical et jouissent des avantages des climats de la zone torride, sans en avoir les inconvénients et sans subir des chaleurs excessives.

La température de la Nouvelle-Galles du Sud est assez semblable à celle du Nord de l'Espagne et du Midi de la France. A Melbourne les indications moyennes du thermomètre sont, en hiver, de 10°; — de 14° au printemps; — de 21° en été; — et de 16° en automne. La Tasmanie est une Suisse en miniature. Le tropique du Capricorne coupe le Queensland en deux.

Une pareille diversité de climat, secondée par les richesses d'un sol vierge, se prête admirablement à la culture des différents produits de la vigne. Des terres sans limite, dont on peut choisir l'exposition et la composition, promettent certainement de belles récoltes aux vignerons qui tenteront de porter leur industrie dans ce pays privilégié, et une population qui va grandissant sans cesse, assure un débouché rémunérateur à leurs produits.

Dès 1813 ou 1814, un propriétaire entreprenant (M. Grégory, à Blaxland) fit quelques essais couronnés de succès. En 1830, M. James Bushy entreprit un voyage en France et en Espagne, en rapporta des plants de diverses provenances, et bientôt son vignoble de Camden couvrit deux hectares de terrain. En 1837, des vignerons allemands, au nombre de six familles, vinrent des bords du Rhin renforcer la colonie viticole de Camden; ils furent bientôt suivis par d'autres immigrants habitués à cette culture et venant de Bade, de Wurtemberg, de France et de Suisse. L'exemple donné par M. Bushy fut suivi : en 1862, au moment de l'Exposition Universelle de Londres, la Nouvelle-Galles du Sud comptait 400 hectares de vignes; elle en a actuellement 1,890 hectares.

La colonie de Victoria, qui a 47 ans de moins

que son aînée, fut dotée de la première vigne en
1850, par un matelot déserteur. Plus tard, des
colons allemands, français et suisses vinrent s'y
établir et y propager la culture du cep. Dès 1861
on comptait déjà 520 hectares de vignes; il y en
avait 1,400 hectares en 1865, et actuellement on
estime à 1,992 hectares l'importance des terrains
vitifères; la Nouvelle-Galles du Sud est dépassée
par sa jeune rivale.

La production en Australie se répartit ainsi qu'il
suit :

COLONIES	NOMBRE d'hectares plantés en vignes	VIN récolté (hectolit.)	POPULATION
Nouvelle-Galles du Sud......	1,890	26,558	750,000
Victoria....................	1,992	22,000	860,000
Australie méridionale.......	1,735	27,272	267,000
Queensland.................	296	3,884	226,000
Australie occidentale	264	3,500	30,000
Australie septentrionale	»	»	(1) »
Tasmanie...................	»	»	115,000
Nouvelle-Zélande	»	»	484,900
Totaux.......	6,177	83,214	2,733,500

La récolte représente donc une moyenne de 13
hectolitres à l'hectare et de *3 litres* par habitant,
ce qui est tout à fait insuffisant pour parer aux
besoins de la consommation intérieure, et à plus

(1) L'Australie septentrionale dépend de l'Australie méridionale.

forte raison pour jouer un rôle quelconque dans le grand commerce d'exportation.

Mais l'Australie, gâtée par un succès qui ne s'est pas démenti, a toutes les audaces; rien ne semble impossible sur cette terre qu'on croirait hantée par des fées. On y a vu des terrassiers ramasser des sommes énormes d'un seul coup de pioche et les dissiper presque aussi vite; des actions achetées à 15 fr. 65, rapporter en quelques mois 75 francs par semaine; des fortunes colossales édifiées avec une rapidité vertigineuse, grâce au rendement des mines et à l'élévation du prix des terrains; des *squatters* réaliser, par l'élevage des bestiaux, des gains immenses sur des *runs* ayant une superficie double de celle d'un département français.

Ce peuple jeune et fort se sent capable de tout entreprendre; on le voit, multipliant sa présence dans toutes nos expositions, ambitionner de remplacer les pays vinicoles sur les marchés de consommation. Il va même plus loin, puisqu'il émet l'espoir de fournir des vins à ces mêmes pays vinicoles, et cette espérance s'appuie actuellement sur une production de 3 litres par habitant! La fée qui a multiplié ses troupeaux en fera-t-elle autant pour ses vignes? Nous ne le pensons pas.

Que les Australiens emploient une faible partie de leurs immenses richesses à encourager la viticulture, à attirer sur leur sol vierge et fertile les vignerons d'Europe, rien de mieux; mais il s'écoulera bien des années avant que leurs vignes produisent seulement la quantité de vin nécessaire à alimenter la consommation de leurs colonies. Si la production du vin augmente, la population augmente aussi et dans de plus fortes proportions.

Du reste, leurs vins, mal constitués en général, ne peuvent encore se faire une place en Europe, à cause de leur prix élevé et de leur conservation douteuse; puis la production en est si restreinte que Paris, qui consomme de 5 à 6 millions d'hectolitres de vin par an, épuiserait en un seul jour la récolte annuelle de la Nouvelle-Galles du Sud, et en quatre ou cinq jours toute la production de l'Australie.

L'objectif des Australiens doit être, croyons-nous, plus modeste; qu'ils commencent d'abord à fabriquer des vins pour eux, et plus tard, lorsque leur production dépassera 100 litres par habitant, comme en France, en Espagne et en Italie, ils pourront alors, mais seulement alors, songer à devenir exportateurs.

Avec une certaine crânerie qui ne connaît pas les obstacles, qui ne veut même pas savoir s'il y en a, ils disent aux négociants de France et d'Europe — effrayés par les progrès du phylloxera, — que leurs ressources sont inépuisables, qu'ils pourront, si le produit de leurs vignes atteint un prix suffisamment rémunérateur, satisfaire dans quelques années à toutes les demandes, quelle qu'en soit l'importance. Mais c'est là le difficile; c'est justement ce prix rémunérateur qu'il faut atteindre sans trop effaroucher le consommateur; pour cela il est indispensable de produire beaucoup et à bon marché.

Il n'y a guère que trois colonies sur huit qui s'occupent de la culture de la vigne. L'Australie occidentale produisait cependant, il y a dix ans, de très bons vins blancs; mais depuis, cette industrie a été négligée, probablement faute de débouchés.

La production moyenne de 13 hectolitres par hectare, qui ressort à notre cadre de renseignements sur l'importance des récoltes, est tout à fait provisoire; elle s'entend pour l'ensemble des vignobles, parmi lesquels beaucoup ne sont pas encore en plein rapport; cette moyenne paraît devoir s'élever de 35 à 40 hectolitres lorsque la vigne aura atteint son développement complet.

Les frais de culture sont de 350 à 600 francs par hectare, et le vin ordinaire de l'année se vend de 50 à 70 francs l'hectolitre. Comme on le voit, la vigne offre de beaux bénéfices et un brillant avenir aux cultivateurs qui l'exploitent en ce moment, ainsi qu'à ceux qui les imiteront.

Les renseignements statistiques les plus récents nous montrent que la Nouvelle-Galles du Sud importe 7,634 hectolitres de vin, représentant une valeur de 1,422,000 fr., soit en moyenne 180 fr. l'hectolitre; l'exportation de ses vins est de 1,368 hectolitres, d'une valeur de 200,000 francs, sur le pied de 140 francs l'hectolitre. 140 francs l'hectolitre est une moyenne excessive qui ne permet pas aux vins de cette colonie de se présenter sur nos

marchés d'Europe. Ils sont beaucoup, beaucoup
trop chers pour être vendus comme vins ordinaires,
et ils n'ont ni la finesse, ni l'arome, ni le fini de
nos vins supérieurs de même valeur.

La colonie de Victoria importe des vins pour
une valeur de 2,439,550 francs, tandis qu'elle en
exporte seulement pour 113,950 francs.

C'est la Nouvelle-Galles du Sud qui jouit du tarif
de douane le plus bas en ce qui concerne l'importation des vins.

Devons-nous en terminant faire une observation
sur la détestable habitude qu'ont les vignerons
australiens — surtout ceux de la colonie de Victoria
— de prendre, au mépris de toute vérité, les noms
des grands vins d'Europe pour en parer leurs
produits ! Dès à présent, ils peuvent fournir du vin
de Champagne, de Madère, de Tokay, de Porto, de
Xérès, de Sauterne, du Rhin, de Constance, etc. Ils
possèdent tous les crûs, toutes les qualités. Ils ne
doutent de rien, et, presque sans outillage, avec
des vignes en enfance, ils ont la prétention naïve
de produire des similaires à des vins récoltés sous
des latitudes différentes, dans des terrains spéciaux,
fabriqués avec un art infini et soignés avec une
constance admirable.

La vigne n'est ni comme l'or, ni comme le
charbon, ni comme la laine. Il suffit de trouver
dans une mine un filon, un simple lingot pour
s'enrichir; quelques hommes, dans des prairies
immenses, surveillent des troupeaux fabuleux qui

donnent des montagnes de laine ; mais pour la vigne il en est autrement. Il faut des bras pour cultiver le sol, diriger les ceps, combattre les maladies, faire la cueillette ; il est indispensable aussi d'avoir des caves spacieuses, bien outillées, dirigées par des hommes pratiques, mûris par l'expérience. La viticulture et l'œnologie sont deux sciences difficiles, longues à acquérir. L'Australie le sait bien, puisqu'elle n'est encore arrivée à produire, de son propre aveu, que des vins délicats, craignant les déplacements.

Et malgré tout, avec une production totale qui serait incapable d'alimenter les magasins d'un de nos négociants de second ordre ou de suffire à la consommation de Paris pendant cinq jours ; avec des procédés de fabrication forcément insuffisants, des prix élevés et un éloignement considérable des pays de consommation, les Australiens se demandent si, le phylloxera aidant, ils ne pourront pas prendre la place de nos grands et vieux pays vinicoles.

Quelle que soit notre admiration pour leur prodigieuse activité et pour les ressources incomparables de leur sol, en raison même de cette admiration, disons-leur tout de suite que c'est un rêve ; et tout en faisant des vœux pour que leur production, qui atteint à peine 3 litres par habitant — il ne faut pas l'oublier, — s'élève à un chiffre normal en rapport avec les besoins de leur propre consommation, ajoutons que leur splendide et riche pays ne nous paraît pas devoir, de longues années encore, exporter des vins en Europe autrement qu'à titre de curiosité.

Ils ont du reste autour d'eux des marchés considérables, dont ils pourront et devront s'emparer tout d'abord, lorsqu'ils seront parvenus à produire à bas prix des quantités importantes de vins bien constitués et de conservation sûre. S'ils n'arrivent pas à remplir ces conditions sans lesquelles tout commerce d'exportation est impossible, ce sera encore la vieille Europe qui fournira la Malaisie, le Japon, l'Hindoustan et même leurs propres colonies. Les consommateurs n'auront rien à y perdre.

La viticulture australienne ne pourra prendre, non pas la place qu'elle ambitionne, mais celle qu'elle peut espérer occuper, que lorsqu'elle sera parvenue, par des procédés de culture et de vinification appropriés au sol et à la nature des produits obtenus, à corriger ses vins de défauts qui actuellement ne disparaissent qu'après plusieurs années de garde. Elle a encore presque tout à faire, et pour donner une dernière preuve du peu de ressources dont elle dispose, nous ajouterons que la tonnellerie y est parfaitement inconnue. Les vignerons se servent pour loger leurs vins des fûts d'eau-de-vie qui leur viennent de France.

Aussi les efforts que tente la viticulture dans le pays qui nous occupe sont-ils méritoires et remarquables à tous les points de vue. Dès à présent on peut prévoir qu'elle vaincra toutes les difficultés. Du reste, son développement, ses succès s'imposent ;

ils sont une nécessité même de la situation et il est désirable qu'elle parvienne à alimenter le riche et considérable marché australien, très éloigné de tout pays de production. Là, doit présentement se borner l'ambition des vignerons.

Qu'ils songent qu'un seul de nos départements, en 1869, — celui de l'Hérault, — a produit plus de 15,000,000 d'hectolitres de vin et qu'ils se disent que, malgré le phylloxera, les vignobles européens sont encore assez riches pour alimenter la consommation du vieux continent, ainsi que celle de leurs clients d'outre-mer, et cela dans des conditions de bon marché et de qualité qui défient toute concurrence américaine ou australienne.

CONCLUSION

Nous avons vu au cours de notre travail, forcément incomplet, mais qui pourra, nous l'espérons, fournir au commerce d'importation et d'exportation quelques indications générales utiles, qu'en dehors de l'Europe méridionale la culture de la vigne et l'art de la vinification étaient à l'état d'enfance et qu'ils n'offrent, au moins encore, aucun intérêt au point de vue des transactions.

Presque toute la production des vins est concentrée dans le bassin de la Méditerranée. Il y a là pour les peuples qui l'habitent un élément considérable de richesse agricole, bien fait pour éveiller leur attention. Cet élément se développera certainement et forcément à mesure que le vin entrera dans les habitudes de la consommation. Il faut pour cela qu'il puisse se présenter sur tous les marchés à des prix abordables aux masses. Ce n'est pas impossible en ce moment, grâce aux moyens de transport dont on dispose, et qui permettent le déplacement sûr, rapide et à bon marché de ce liquide.

Les contrées riveraines de la « mer du milieu » sont du reste admirablement et exceptionnellement favorisées; c'est le plus beau et le plus fertile pays du monde, celui qui jouit du climat le plus doux, le plus tempéré, le plus égal et le plus sain.

La culture de la vigne a précisément besoin, pour prospérer et donner des produits agréables, que les vents, les pluies, la chaleur et le froid aient des allures régulières et modérées qui ne compromettent ni le développement du bourgeon, ni la fécondation au moment de la fleur, ni la marche de la maturité, ni la qualité du fruit quand vient la cueillette. Tout changement brusque de température peut lui être fatal; des pluies persistantes et froides peuvent de même compromettre la récolte. Aussi les contrées du Sud de l'Europe, qui sont celles dont le climat « offre le plus d'unité dans son ensemble et de pondération dans ses contrastes », conviennent-elles admirablement à la culture du raisin. Elles étaient forcément indiquées par la nature de leurs terrains, leur climat, l'activité des races qui les peuplent, comme le centre de production du vin. Il leur appartient d'utiliser tous. ces avantages et d'en tirer le meilleur parti possible.

Entre toutes ces contrées, la France devait occuper le premier rang, parce que plus qu'aucune elle se trouve favorisée de terrains de choix, de cette température moyenne qui permet le développement de la plante en assurant au fruit des

qualités particulières qu'on ne retrouve plus
ailleurs au même degré. Ce qui distingue les vins
français de ceux des autres pays, c'est leur
étonnante variété; en effet, les vins de chacune de
nos provinces ont un goût, un parfum, une sève
qui leur sont propres, et on ne saurait, à cause de
ces qualités, les confondre avec les vins exotiques,
généralement plus grossiers, plus communs. Le
Midi, l'Est et l'Ouest, dans les régions moyennes,
sont par excellence le pays de la vigne. C'est là
que la production atteint son maximum d'intensité;
c'est là aussi que se trouvent de délicieux vins de
table, remarquables par leur tenue, leur arome et
leur goût exquis. A la tête de tous ces crûs divers
se placent les inestimables vins de la Gironde.

Aussi le rôle commercial de la France, en ce qui
concerne les vins, devait-il être prépondérant:
c'était la conséquence forcée de la situation et de la
production même de la contrée. Ajoutons que la
probité légendaire et la haute compétence de notre
commerce n'ont pas été étrangères à ce résultat.
Mais il n'en est pas moins certain que notre pays
était désigné, par sa situation géographique, comme
le grand lieu de passage et d'échange entre les
récoltants riverains de la Méditerranée et les
consommateurs du Nord de l'Europe et de l'Amérique, d'autant plus qu'il offrait lui-même des
produits incomparables et abondants.

Et parmi nos places de commerce, Bordeaux
devait tenir le premier rang; elle était le point de
convergence indiqué, nécessaire, pour les vins du

monde entier, parce que plus qu'aucune elle offre
des facilités et des garanties pour la rencontre des
acheteurs et des vendeurs de la boisson qui nous
occupe. Assise sur les bords d'un fleuve navigable,
au point extrême d'un canal qui traverse des pays
essentiellement vinicoles, dotée d'un port splendide,
non loin de la mer, entourée de vignobles fameux
et de crûs justement renommés, recevant vite et à
bon marché les vins de toutes provenances, à deux
pas de l'Espagne et du Portugal, cette ville devait
être le point de transit par excellence, un immense
entrepôt de vins, quelque chose comme l'axe des
échanges, le foyer naturel d'attraction vers lequel
se dirigent vendeurs et acheteurs.

En 1881, les quantités de vins déplacées dans la
seule ville de Bordeaux — nous ne parlons que de
la ville et non du département de la Gironde — en
vertu d'expéditions régulières de la Régie, se sont
élevées au chiffre énorme de 4,407,026 hectolitres,
représentant une valeur de plus de 250 millions de
francs. Ce simple renseignement officiel donne,
bien mieux que nous ne saurions le faire, la mesure
de l'importance du commerce de nos 900 négociants
de vins en gros (1).

Ce qui fait aussi leur force, c'est qu'ils ont
compris que rien n'est immuable, que le terrain
des affaires change suivant les besoins de la
consommation, laquelle, en définitive, règle la

____

(1) Paris a 1,400 négociants de vins en gros; la France
entière en compte 14,520.

production et le jeu des échanges. Et au lieu de se cantonner dans un commerce de luxe qu'ils ont cependant porté à un degré de grandeur défiant toute concurrence, mais dont la clientèle est forcément restreinte, ils ont, tout en développant les résultats acquis, dirigé leur esprit d'initiative et leur activité vers un but plus grand encore, se posant pour objectif de servir d'intermédiaire entre la production et l'intéressante consommation des masses, à laquelle ils sont parvenus à offrir des vins sains et à bas prix. C'est là ce qui explique l'étonnante prospérité de leurs affaires.

Cependant la puissance commerciale de Bordeaux, si grande qu'elle soit, se développera encore à mesure que les moyens de transport seront plus nombreux et plus faciles, et, si nous continuons à jouir d'un régime de paix et de liberté, nos négociants sauront garder, sur tous les marchés du monde, le monopole du commerce des vins qu'ils ont si brillamment conquis.

Février

EXPOSITION INTERNATIONALE DE BORDEAUX

VINS

Nombre d'exposants par contrée

CONTRÉES	VINS rouges et blancs	VINS de liqueurs et vins cuits	VINS mousseux	VERMOUTH et apéritifs	TOTAL
France................	516	26	24	26	592
Algérie..............	21	3	»	9	33
Corse	»	1	»	»	1
Portugal	8	5	»	»	13
Espagne..	679	15	»	1	695
Italie...............	77	19	2	20	118
Autriche-Hongrie ...	38	1	»	»	39
Grèce................	24	»	»	»	24
Turquie	32	»	»	»	32
Serbie...............	28	»	»	»	28
Russie	2	»	»	»	2
Suisse...............	2	»	»	3	5
Allemagne...........	16	1	»	»	17
États-Unis	»	»	»	»	»
Chili................	21	2	»	»	23
République Argent^{ine}	1	»	»	»	1
Chypre...............	12	»	»	»	12
Cap.................	2	»	»	»	2
Australie...........	70	»	1	»	71
Angleterre..........	1	1	»	1	3
	1,550	74	27	60	1,711

TABLE

	Pages
Introduction	1
Production vinicole de la France	7
La vigne en Algérie	28
Les vins du Portugal	35
Production vinicole de l'Espagne	47
Les vins Italiens	73
Les vins en Autriche-Hongrie	101
Production vinicole de la Grèce	115
Vins de Turquie	127
La vigne en Roumanie et en Serbie	137
Vins de Russie	139
La récolte des vins en Suisse	143
Les vins dans l'empire d'Allemagne	147
Production des vins aux États-Unis	153
Les vins du Chili	167
Les vins dans les Possessions Anglaises	171
Les vins d'Australie	179
Conclusion	191
Appendice : Nombre d'exposants par contrée	197

Bordeaux. — Imp. G. GOUNOUILHOU, rue Guiraude, 11.